Elástico

Leonard Mlodinow

Elástico

Como o pensamento flexível pode mudar nossas vidas

Tradução:
Cláudio Carina

2ª reimpressão

ZAHAR

Para Donna Scott

Tradução autorizada da primeira edição americana, publicada em 2018
por Pantheon Books, de Nova York, Estados Unidos

A editora não se responsabiliza por links ou sites aqui indicados, nem pode garantir que eles continuarão ativos e/ou adequados, salvo os que forem propriedade da Zahar.

Grafia atualizada segundo o Acordo Ortográfico da Língua Portuguesa de 1990, que entrou em vigor no Brasil em 2009.

Título original
Elastic: Flexible Thinking in a Time of Change

Capa
Sérgio Campante

Imagem da capa
© Hero Images/Getty Images

Indexação
Gabriella Russano

Preparação
Angela Ramalho Vianna

Revisão
Tamara Sender

CIP-Brasil. Catalogação na publicação
Sindicato Nacional dos Editores de Livros, RJ

Mlodinow, Leonard 1954-
M681e Elástico: como o pensamento flexível pode mudar nossas vidas / Leonard Mlodinow; tradução Cláudio Carina. – 1ª ed. – Rio de Janeiro: Zahar, 2019.
il.

Tradução de: Elastic: Flexible Thinking in a Time of Change.
Inclui bibliografia e índice
ISBN 978-85-378-1834-3

1. Neurociência cognitiva. 2. Cérebro. 3. Comportamento. I. Carina, Cláudio. II. Título.

CDD: 612.825
19-55889 CDU: 612.82

Vanessa Mafra Xavier Salgado – Bibliotecária – CRB-7/6644

[2022]

EDITORA SCHWARCZ S.A.
Praça Floriano, 19, sala 3001 – Cinelândia
20031-050 – Rio de Janeiro – RJ
Telefone: (21) 3993-7510
www.companhiadasletras.com.br
www.blogdacompanhia.com.br
facebook.com/editorazahar
instagram.com/editorazahar
twitter.com/editorazahar

Sumário

Introdução

As exigências da mudança

No dia 6 de julho de 2016, a Niantic, uma startup com quarenta empregados fundada por ex-funcionários da divisão "Geo" do Google, lançou o *Pokémon Go*, um jogo de "realidade ampliada" que utiliza a câmera de um celular para permitir que as pessoas captem criaturas virtuais que aparecem na tela como se elas existissem no mundo real.[1] Dois dias depois, o aplicativo estava instalado em mais de 10% dos celulares Android nos Estados Unidos, e em duas semanas já contava com 30 milhões de usuários. Pouco tempo depois, os proprietários de iPhone já passavam mais tempo por dia no *Pokémon Go* que no Facebook, Snapchat, Instagram ou Twitter. Ainda mais impressionante, dias após o lançamento do jogo, o termo *Pokémon Go* teve mais pesquisas no Google que a palavra *pornô*.

Se você não se liga em games, pode suspirar e dar de ombros diante disso tudo, mas no mundo dos negócios esses acontecimentos foram difíceis de ignorar: o game gerava a surpreendente receita de US$1,6 milhão por dia só de usuários domésticos da Apple. Tão importante quanto, o game aumentou em US$7,5 bilhões o preço de mercado da Niantic da noite para o dia, e em um mês já tinha dobrado o preço das ações da Nintendo, a empresa proprietária da marca Pokémon.

Nos primeiros seis meses de existência, mais de 600 milhões de pessoas fizeram download do aplicativo *Pokémon Go*. Vamos fazer uma comparação com alguns dos maiores sucessos do início dos anos 2000. O Facebook foi lançado em 2004, mas só chegou à marca dos 30 milhões de usuários em 2007. O game *World of Warcraft*, extremamente popular e também lançado em 2004, demorou seis anos para chegar ao pico de 12 milhões de assinantes. O que parecia um crescimento velocíssimo na época, dez anos depois se tornou uma viagem em pista de baixa velocidade. E apesar de ninguém conseguir prever qual será a próxima grande novidade, a maioria dos economistas e sociólogos acredita que a sociedade vai continuar mudando cada vez mais depressa no futuro previsível.

Mas se concentrar apenas no ritmo da ascensão do *Pokémon Go* não diz muita coisa. O enorme sucesso do game não foi previsto, mas tampouco foi acidental. Ao criar o aplicativo, a Niantic tomou uma série de decisões inovadoras e pensou adiante em termos do uso da tecnologia, como o advento do GPS e as possibilidades de um telefone celular para acessar a computação em nuvem e incrementar o aplicativo, o que proporcionou a infraestrutura necessária e a capacidade de escala. O game também tirou vantagem, como nada até então, das lojas de aplicativos, um modelo de negócio que ainda não havia sido inventado quando o *World of Warcraft* foi lançado. Nesse novo modelo, agora já estabelecido, um game é fornecido de graça, e o dinheiro resulta da venda de extensões e atualizações. Manter esse fluxo de receita foi outro desafio. Na indústria do entretenimento interativo, um game começa popular e acaba parado na prateleira, como carne podre. Para evitar esse destino, a Niantic surpreendeu muita gente com uma longa e agressiva campanha para atualizar o aplicativo com visuais e conteúdos importantes. Como resultado, um ano após seu lançamento, 65 milhões de pessoas continuavam jogando o game por mês, e a receita já tinha chegado a US$1,2 bilhão.

Antes do *Pokémon Go*, a sabedoria convencional era de que as pessoas não iam querer um game que exigisse atividade física e interação com o mundo real. Assim, apesar de todo o espírito inovador do Vale do Silício, os desenvolvedores do *Pokémon Go* foram muitas vezes alertados de que os jogadores só "queriam sentar e jogar".[2] Mas eles ignoraram esse pressuposto firmemente enraizado e, ao alavancar de uma nova maneira as tecnologias existentes, mudaram a sua própria forma de pensar. O lado B da história do *Pokémon Go* é que, se você não for esperto, sua empresa pode naufragar depressa. Basta se lembrar de companhias como BlackBerry, Blockbuster, Borders, Dell, Eastman Kodak, Encyclopaedia Britannica, Sun Microsystems, Sears e Yahoo. E essas são apenas a ponta do iceberg – em 1958, a vida média das empresas no índice S&P 500 era de 61 anos.[3] Hoje gira em torno de vinte.

Precisamos enfrentar desafios intelectuais análogos na nossa vida cotidiana. Em média, consumimos hoje o surpreendente total de 100 mil palavras de novas informações por dia de diversas mídias – o equivalente a um livro de trezentas páginas.[4] Isso comparado a algo em torno de 28 mil palavras algumas décadas atrás. Graças a novos produtos e tecnologias inovadoras, e a essa proliferação de informação, o que já foi uma tarefa relativamente simples agora é uma jornada complexa e desconcertante por uma selva de possibilidades.

Até não muito tempo atrás, se quiséssemos fazer uma viagem, consultaríamos um ou dois guias de viagens, compraríamos mapas e telefonaríamos para a companhia aérea e alguns hotéis, ou falaríamos com um dos 18 mil agentes de viagem existentes nos Estados Unidos. Hoje, em média, as pessoas acessam 26 sites para planejar as férias e devem avaliar uma avalanche de ofertas e alternativas, com preços que não só mudam em função do dia em que você quiser viajar, como também do momento em que estiver *pesquisando*. A mera finalização da compra depois da decisão se tornou uma espécie de duelo entre o fornecedor e o cliente, cada qual competindo pelo melhor negócio a partir de seu ponto de vista. Se você não precisava de umas férias quando começou seu planejamento, talvez esteja precisando quando fechar o negócio.

Atualmente, como indivíduos, dispomos de um grande poder na ponta dos dedos, mas também precisamos resolver problemas rotineiros que não tínhamos de enfrentar dez ou vinte anos atrás. Por exemplo, certa vez, durante uma viagem ao exterior com minha mulher, minha filha Olivia, então com quinze anos, deu uma noite de folga à empregada. Pouco depois, nos mandou uma mensagem de texto perguntando se podia convidar "alguns" amigos para ir à nossa casa. "Alguns" se transformaram em 363 – graças aos convites instantâneos comunicados por celulares ou pelo Instagram. Na verdade, não foi só culpa dela – foi um amigo zeloso demais quem postou os convites –, mas essa era uma calamidade impossível quando os irmãos dela tinham a mesma idade, poucos anos antes.

Numa sociedade em que mesmo as funções mais básicas estão se transformando, os desafios podem ser assustadores. Hoje muitos de nós inventamos novas rotinas para nossa vida pessoal, levando em conta o fato de a tecnologia digital nos tornar constantemente disponíveis para nossos empregadores. Cabe descobrir maneiras de nos livrarmos de tentativas cada vez mais sofisticadas de crimes cibernéticos ou furtos de identidade. Cumpre arranjar um tempo "livre" cada vez mais reduzido para interagir com os amigos e a família, para ler, fazer exercícios ou simplesmente relaxar. Precisamos aprender a resolver problemas com softwares, telefones e computadores domésticos. Para onde nos voltamos, todos os dias, nos vemos diante de circunstâncias e questões que não teríamos de confrontar uma ou duas décadas atrás.

Muito já foi escrito sobre o ritmo acelerado das mudanças, da globalização e das frequentes inovações tecnológicas que as impulsionam. Este livro é sobre algo debatido com muita frequência: as novas exigências sobre como devemos *pensar* para viver nessa era turbulenta – pois enquanto as mudanças aceleradas transformam o nosso ambiente de negócios, profissional, político e pessoal, nosso sucesso e nossa felicidade dependem de chegar a bons termos com tudo isso.

Há certos talentos que podem ajudar, características de pensamento que têm sido úteis, mas que agora se tornaram essenciais. Por exemplo: a capacidade de descartar ideias confortáveis e de nos acostumarmos à ambiguidade e à contradição; a capacidade de superar posturas mentais e reestruturar as perguntas que formulamos; a capacidade de abandonar nossas suposições arraigadas e nos abrirmos para novos paradigmas; a propensão a confiar tanto na imaginação quanto na lógica, e a gerar e integrar uma grande variedade de ideias; e a vontade de experimentar e saber como lidar com o erro. Trata-se de um leque de talentos diversificado, mas enquanto os psicólogos e neurocientistas elucidam os processos cerebrais por trás deles, esses talentos vêm revelando diferentes aspectos de um estilo cognitivo coerente. Eu chamo isso de *pensamento flexível ou elástico.*

Pensamento flexível é o que nos confere a capacidade de resolver novos problemas e superar as barreiras neurais e psicológicas que nos impedem de enxergar para além da ordem existente. Nas próximas páginas, vamos analisar os grandes passos percorridos recentemente pelos cientistas na compreensão de como nosso cérebro produz o pensamento flexível e a maneira de aperfeiçoá-lo.

Nesse grande corpo de pesquisa, uma característica se destaca acima de todas as outras – diferentemente do raciocínio lógico, o pensamento flexível se origina do que os cientistas chamam de processos "de baixo para cima". O cérebro faz cálculos mentais da mesma forma que um computador, de cima para baixo, com as estruturas de alto nível do cérebro ditando a abordagem. Porém, pela sua arquitetura singular, o cérebro biológico também pode realizar cálculos de baixo para cima. No modo de processamento de baixo para cima, neurônios individuais disparam de forma complexa e sem direção a partir de uma ordem executiva, e com valiosas informações dos centros emocionais do cérebro (como veremos). Esse tipo de processamento é não linear e pode produzir ideias que parecem disparatadas, que não teriam surgido na progressão passo a passo do pensamento analítico.

Embora nenhum computador e poucos animais sobressaiam no pensamento flexível, essa capacidade está estabelecida no cérebro humano. Foi essa a razão pela qual os criadores do *Pokémon Go* conseguiram aquietar as funções executivas de seus cérebros, enxergar além do "óbvio" e explorar vias inteiramente novas. Quanto mais entendermos o pensamento flexível e os mecanismos de baixo para cima pelos quais nossa mente o produz, melhor aprenderemos a dominar esse processo para enfrentar desafios na nossa vida pessoal e no nosso ambiente de trabalho. O propósito deste livro é examinar esses processos mentais, os fatores psicológicos que os afetam e, o mais importante de tudo, as estratégias práticas que nos ajudam a exercê-los.

Superando os nematoides

Qualquer animal tem uma caixa de ferramentas para lidar com as circunstâncias da vida diária, com alguma capacidade para confrontar mudanças. Vamos considerar o nematoide mais primitivo, o nematelminto (*C. elegans*), um dos sistemas biológicos de processamento de informações mais rudimentares que conhecemos. Se não resolver os problemas de sua existência utilizando uma rede neural composta de meros 302 neurônios, com apenas 5 mil sinapses químicas entre eles, o nematoide perece.[5]

Talvez o desafio mais importante da experiência do nematoide aconteça quando seu ambiente fica sem os micróbios de que ele se alimenta. Ao reconhecer essa circunstância, o que faz esse computador biológico? Arrasta-se para o intestino de uma lesma, esperando ser excretado no dia seguinte num local diferente.[6] Essa não é uma vida muito glamorosa. Para nós, o plano parece tão brilhante quanto nojento, mas no mundo do nematelminto não é uma coisa nem outra, pois as poucas centenas de neurônios de seu sistema nervoso são incapazes de resolver problemas complexos ou de sentir emoções sofisticadas. Pegar carona no excremento de uma lesma não é uma criação desesperada da mente do nematoide. É uma resposta evolutiva à privação gravada em cada indivíduo, pois a falta de alimento é uma circunstância ambiental que qualquer organismo enfrenta regularmente.

Mesmo entre animais mais complexos, boa parte do comportamento do organismo é "roteirizada", ou seja, pré-programada ou automática e iniciada por algum gatilho no ambiente. Vamos considerar uma gansa chocando, com seu cérebro sofisticado, acomodada no ninho. Quando percebe que um dos ovos caiu, ela se fixa no ovo perdido, levanta-se, estica o pescoço e o bico para rolar delicadamente o ovo de volta ao ninho. Essas ações parecem ser produto de uma mãe atenciosa e diligente, mas são apenas o produto de um roteiro, como no caso do nematoide.[7]

O comportamento roteirizado é um dos atalhos da natureza, um confiável mecanismo de cópia que costuma produzir resultados positivos. Pode ser inato ou consequência do hábito, e em geral está relacionado ao acasalamento, à nidificação ou à caça de uma presa. Porém – e o mais importante –, embora o comportamento roteirizado seja apropriado em situações rotineiras, a resposta produzida é sempre a mesma, e por isso fracassa em circunstâncias novas ou de mudança.

Vamos supor, por exemplo, que o ovo caído seja retirado quando a gansa começar a esticar o pescoço. Será que ela vai se adaptar e abortar seu plano de ação? Não, vai continuar a agir como se o ovo ainda estivesse ali. Como um mímico, puxa o ovo imaginário em direção ao ninho. Mais ainda: pode também ser induzida a praticar sua rolagem do ovo com qualquer objeto arredondado, como uma lata de cerveja ou uma bola de beisebol. Na sabedoria da evolução, parece que foi mais eficiente dotar a mamãe gansa de um comportamento automático *quase* sempre apropriado que deixar a ação de salvar o ovo para algum processo mental mais complexo, embora mais nuançado.

Os seres humanos também seguem roteiros. Acredito ser capaz de pensar mais sobre minhas ações que a mamãe gansa (embora aqueles que me conhecem discordem). No entanto, já me surpreendi passando por uma prateleira de petiscos e pegando um punhado de amêndoas sem pensar se eu realmente queria comer alguma coisa naquele momento. Quando minha filha me pergunta se pode faltar à escola porque está sentindo um resfriado "chegar", respondo com um "não" automático, em vez de levar o pedido a sério e perguntar o que ela está sentindo de fato. Ao dirigir para algum lugar conhecido, o normal também será seguir a rota habitual, sem tomar uma decisão consciente a respeito.

Roteiros são atalhos úteis, mas, para a maioria dos animais, seria difícil sobreviver usando somente roteiros pré-programados. Quando reconhece sua presa a distância, por exemplo, a leoa deve perseguir a caça com cuidado. O ambiente, as condições e as ações da presa variam consideravelmente. Em consequência, nenhum roteiro *fixo* inscrito em seu sistema nervoso será adequado para atender às demandas de alimento. Em vez disso, a leoa deve ter capacidade de avaliar a situação no contexto de seu objetivo e formular um plano de ação para atingir a meta.

Por conta dessas situações, em que modos roteirizados de processamento de informações não são os mais apropriados para o indivíduo, a evolução providenciou os outros dois meios pelos quais nós e outros animais calculamos a resposta. Um deles é o pensamento racional/lógico/analítico, que, para simplificar, vou chamar simplesmente de *pensamento analítico* – uma abordagem passo a passo pela qual o organismo vai de um pensamento a outro baseado em fatos ou razões. O outro é o pensamento flexível. Diferentes espécies dispõem desses recursos em graus variados, mas eles são considerados mais desenvolvidos nos mamíferos, principalmente os primatas; e, entre os primatas, principalmente os seres humanos.

O pensamento analítico é a forma de reflexão que tem sido mais valorizada na sociedade moderna. Apropriado para analisar as questões mais diretas da vida, é o tipo de pensamento em que nos concentramos na escola. Quantificamos nossa capacidade para esse tipo de pensamento por meio de testes de QI e dos exames de vestibular para a faculdade, e desejamos que nossos funcionários o desenvolvam. Contudo, apesar de poderoso, o pensamento analítico, assim como o processamento roteirizado, se dá de forma linear. Regido por nossa mente consciente, no processo analítico os pensamentos e ideias acontecem em sequência, de A para B para C, cada um seguindo o predecessor segundo um conjunto de regras fixas – as regras da lógica, tal como poderiam ser executadas por um computador. Por conseguinte, o raciocínio analítico, assim como o processamento roteirizado, costuma falhar ao enfrentar os desafios inerentes à mudança.

É diante desses desafios que o pensamento flexível sobressai. O processo de pensamento flexível não pode ser rastreado da forma de A para B para C. Ao ter sua principal origem no inconsciente, o pensamento flexível é um modo não linear de processamento em que múltiplas linhas de pensamento são seguidas em paralelo. As conclusões são resultantes de diminutas interações de baixo para cima de bilhões de neurônios em rede, num processo complexo demais para ser detalhado passo a passo. Desprovido da direção de cima para baixo do pensamento analítico, e mais motivado pela emoção, o pensamento flexível se presta sob medida para integrar diversas informações, resolver enigmas e encontrar novas abordagens para problemas desafiadores. Possibilita ainda que consideremos ideias incomuns ou até mesmo bizarras, alimentando nossa criatividade (que também requer pensamento analítico, para entender e explorar as novas ideias).

Nosso pensamento flexível evoluiu centenas de milhares de anos atrás para nos sairmos bem ante as probabilidades inerentes a viver na natureza. Precisamos dessas habilidades porque, como qualquer primata, não somos a espécie fisicamente mais forte. Nosso parente próximo, o bonobo, consegue saltar duas vezes mais alto que nós. O chimpanzé tem duas vezes mais força no braço em relação ao peso do corpo. Um gorila pode encontrar uma rocha pontuda e protuberante, se acomodar e inspecionar os arredores; os seres humanos sentam-se em cadeiras chiques e usam óculos. E, se não for a cadeira certa, reclamamos de dores nas costas. Sem dúvida nossos ancestrais eram mais durões que nós, mas o que nos salvou da extinção foi o pensamento flexível, que nos proporcionou a habilidade de superar desafios por meio de cooperação social e inovação.

Nos últimos 12 mil anos, os seres humanos se organizaram em sociedades que de alguma forma eram protegidas dos perigos da floresta. Durante esses muitos milênios, nós concentramos nosso pensamento flexível no sentido de melhorar e refinar nossa existência cotidiana. Ninhos de pardais não têm banheiros, esquilos não armazenam nozes em cofres. Mas nós vivemos num ambiente construído quase inteiramente com a nossa imaginação. Não habitamos apenas cabanas genéricas; temos casas e apartamentos de vários tamanhos e formatos, e os decoramos com obras de arte. Não só andamos e corremos: usamos bicicletas, dirigimos automóveis, viajamos em barcos e voamos em aviões (sem mencionar a locomoção em motocicletas, triciclos e patinetes motorizados). Nenhum desses meios de locomoção existia antes. Desde sua concepção, todos foram uma solução nunca imaginada para um problema apreendido, assim como a borracha e os clipes de papel em sua mesa, os sapatos em seus pés e a escova de dentes no banheiro.

Por onde passarmos, estaremos nadando num mar de produtos da mente elástica humana. Embora o pensamento flexível não seja um talento recente na espécie humana, as exigências desse momento da história o trouxeram da retaguarda para a vanguarda, transformando-o numa aptidão importante mesmo em questões rotineiras da nossa vida pessoal e profissional. Não mais uma ferramenta específica de gente que soluciona problemas científicos, inventores e artistas, agora o talento para o pensamento flexível é um importante fator no desenvolvimento de qualquer um.

Adiante

Só agora os psicólogos e neurocientistas começaram a trabalhar sobre a ciência do pensamento flexível. Eles descobriram que a função do cérebro que produz esse tipo de pensamento, de baixo para cima, é bem diferente da que gera o pensamento analítico, de cima para baixo. A ciência se apoia em recentes avanços no estudo do cérebro, que reformularam nossa compreensão acerca de muitas de suas singulares e diferenciadas redes neurais. Por exemplo, em 2016, empregando revolucionárias técnicas de imagem de alta resolução e tecnologia de ponta dos computadores, o Human Connectome Project, do Instituto Nacional de Saúde dos Estados Unidos, demonstrou que o cérebro tem muito mais subestruturas do que se imaginava. Descobriu-se que uma estrutura importante, o córtex pré-frontal dorsolateral, na verdade consiste em uma dúzia de elementos distintos menores. Ao todo, o projeto identificou 97 novas regiões cerebrais, diferenciadas tanto por estruturas quanto por funções. As lições do projeto Connectome abriram novos horizontes, que têm sido comparados à descoberta, na física, de que os átomos são formados por partículas menores – prótons, nêutrons e elétrons. Nos capítulos a seguir, lançarei mão dessa neurociência e da psicologia de ponta para examinar como o pensamento flexível surge no cérebro. Uma vez compreendidos esses processos de pensamento de baixo para cima, vamos aprender maneiras de implementar, manipular, controlar e alimentar tais processos.

A Parte I de *Elástico* é sobre como devemos adaptar nosso pensamento à mudança, e por que nosso cérebro é bom em fazer isso. Na Parte II, vou examinar como os seres humanos (e outros animais) assimilam a informação e a processam de forma a se inovar para enfrentar os desafios do novo e da mudança. A Parte III é sobre como o cérebro aborda os problemas e gera novas ideias e soluções, e a Parte IV é sobre as barreiras que surgem no decorrer do pensamento flexível e como podemos superá-las.

Ao longo do caminho, vou examinar os fatores psicológicos importantes no pensamento flexível e como eles se manifestam na nossa vida. Eles incluem traços de personalidade tais como a neofilia (o grau de afinidade pelo novo) e a esquizotipia (conjunto de características que incluem a tendência a ter ideias incomuns e a acreditar em magia). Englobam ainda habilidades como reconhecimento de padrões, geração de ideias, pensamento divergente (ser capaz de pensar muitas ideias diferentes), fluência (ser capaz de gerar ideias depressa), imaginação (ser capaz de conceber o que não existe) e pensamento integrativo (a habilidade de ter em mente, equilibrar e conciliar ideias diferentes e contraditórias). A pesquisa sobre o papel do cérebro nessas características constitui uma das novas e mais candentes tendências, tanto na psicologia quanto na neurociência.

Como nossa mente responde às exigências do novo e da mudança? Como criamos novos conceitos e paradigmas, como podemos cultivar essa capacidade? O que nos mantém presos às velhas ideias? Como podemos nos tornar flexíveis na maneira como enquadramos temas e questões? Felizmente, hoje contamos com uma enorme montanha de novos conhecimentos científicos sobre como a mente funciona de baixo para cima para responder a essas perguntas. À medida que eu for elucidando a ciência dos mecanismos de pensamento de baixo para cima por trás do pensamento flexível, espero mudar a maneira como você vê seus próprios processos de pensamento e proporcionar um entendimento de como nós pensamos – e como podemos pensar melhor – para nos sairmos bem num mundo em que a capacidade de se adaptar se tornou mais crucial que nunca.

PARTE I

Confrontando a mudança

1. A alegria da mudança

O perigo e a promessa

Nos primeiros dias de existência da televisão, num dos episódios de um programa chamado *Além da imaginação*, uma raça de alienígenas de 2,75 metros de altura chamada kanamitas pousa na Terra.[1] Eles falam uma língua desconhecida, mas conseguem se comunicar com a Organização das Nações Unidas por telepatia, e garantem que seu único propósito ao desembarcar é ajudar a humanidade. Eles dão aos homens um livro escrito em seu idioma, e os criptógrafos logo decodificam o título como *Para servir o homem*, mas não conseguem entender o significado do texto nas páginas internas.

Com o passar do tempo, com a tecnologia dos kanamitas, desertos são transformados em campos verdes e férteis, eliminando a fome e a pobreza. Alguns indivíduos de sorte ganham permissão para fazer uma viagem ao planeta dos kanamitas, considerado um paraíso. Então uma criptógrafa finalmente decifra o código. Ela lê *Para servir o homem* e sai correndo para a nave, onde seu chefe, um sujeito chamado Michael Chambers, está subindo os degraus da entrada, prestes a partir para o planeta alienígena. "Não entre!", ela grita para Chambers. "É um livro de receitas!" Um livro de receitas em que o principal ingrediente são os *homens*.

Os criptógrafos tinham descoberto que os alienígenas estavam aqui para nos ajudar, mas da mesma forma que um fazendeiro ajuda os perus nos dias que antecedem o Natal. E aparentemente, por terem senso de humor, nos deixaram um livro com as receitas que planejavam usar. Chambers tenta desembarcar, mas um dos alienígenas de 2,75 metros está logo atrás dele. Não querendo perder um delicioso petisco do seu ensopado humano, o alienígena bloqueia a saída de Chambers.

A moral óbvia dessa história dos kanamitas é que não existe almoço grátis – a não ser que você seja o almoço. Mas é também sobre o perigo e a promessa do novo e da mudança. Quando um animal se aventura num novo território, a exploração pode levar à descoberta de uma fonte de alimento – ou a se tornar alimento. Um organismo que busca o novo pode ser ferido explorando um terreno desconhecido, ou pode dar de cara com um predador, mas um organismo que evita o desconhecido a qualquer custo pode morrer de fome por não descobrir novas fontes de alimentação.

Um ambiente imutável não evoca um ímpeto urgente de explorar ou inovar em quem encontrou um nicho confortável. Mas as condições mudam, e os animais têm mais chances de sobreviver se já tiverem reunido informações sobre novos locais onde encontrar alimento, rotas de fuga, esconderijos e assim por diante. Os biólogos veem isso refletido nas variadas características das espécies. Por exemplo, os cães gostam de explorar novos territórios porque descendem de lobos particularmente ousados, que se aventuravam buscando comida ao redor dos acampamentos dos antigos nômades; e pássaros que vivem num hábitat complexo e mutável, como nos limites da floresta, tendem a exibir um comportamento mais exploratório que os que vivem em ambientes menos variáveis.[2]

Hoje, somos nós, seres humanos, que devemos nos adaptar, pois nossos ambientes físico, social e intelectual estão mudando num ritmo sem paralelo. O conhecimento científico, por exemplo, aumenta exponencialmente – ou seja, o número de artigos publicados dobra numa proporção fixa, assim como a proporção do dinheiro investido a juros fixos. No caso da produção científica global, essa duplicação ocorre a cada nove anos. Isso já vem acontecendo há um longo tempo, mas no passado era possível assimilar esse crescimento porque não havia muito por onde começar, e o dobro não representava um grande aumento. Hoje, no entanto, o volume do nosso conhecimento ultrapassou um marco importante. Atualmente, dobrar o nosso conhecimento a cada nove anos significa acrescentar novos conhecimentos tão depressa que nenhum homem consegue acompanhar. Em 2017, por exemplo, foram publicados mais de 3 milhões de novos artigos científicos. Esse ritmo de produção não somente é mais do que os especialistas de qualquer área podem assimilar; é mais do que as publicações conseguem conter. Em consequência, entre 2004 e 2014, as editoras tiveram de criar mais de 5 mil novas publicações científicas só para acomodar o excedente.[3]

No mundo profissional, em vista de uma expansão análoga de conhecimento, muitas das grandes indústrias agora também dependem de um volume de expertise que nenhum indivíduo consegue dominar. Tópicos misteriosos, que variam de transformadores elétricos a injeção de combustível, da química de cosméticos a produtos para o cabelo, são temas de *centenas* de livros – e isso não inclui a propriedade intelectual das corporações nesses negócios. Talvez você não se interesse pela complexidade da "otimização difusa e lógica de injeção de líquido na moldagem de borracha de silicone", mas esse é um assunto tão importante no mundo atual que Firmin Z. Sillo escreveu um livro de 190 páginas a respeito do tema em 2005.

O crescimento da mídia social e da internet é ainda mais drástico: o número de websites, por exemplo, vem dobrando a cada dois ou três anos. O comportamento social também muda depressa – basta comparar o ritmo do movimento em defesa dos direitos civis dos anos 1960 com a velocidade com que a campanha pelo direito dos gays se alastrou pelo mundo desenvolvido, mais uma vez impulsionada pela juventude.

Existe perigo e promessa em cada decisão sobre adotar ou não o novo. Mas, no passado recente, com a aceleração do ritmo da mudança, o cálculo que rege os benefícios da adoção do novo foi radicalmente alterado. Mais que nunca a sociedade concede recompensas aos que se sentem confortáveis com a mudança, e castiga os que não se sentem, pois o que costumava ser um território seguro de estabilidade agora se torna um perigoso campo minado de estagnação.

Considere a história do telefone. Nós usamos a expressão "discar um número" porque os números de telefone costumavam ser inseridos num disco numerado. Em 1963, a Bell Telephone introduziu uma nova tecnologia, com os números num teclado. Era mais conveniente que o antigo sistema, e ainda oferecia a possibilidade de escolher o cardápio de resposta nos sistemas de telefone automatizados. Mas a tecnologia não foi um bom investimento, ao menos a curto prazo, pois as pessoas demoraram a alterar seus hábitos e a adotar o novo sistema, preferindo conservar os confortáveis telefones do passado. Vinte anos depois de os dispositivos "touch-tone" se tornarem disponíveis, a maioria dos consumidores ainda mantinha os velhos telefones "a disco". Foi só nos anos 1990, três décadas depois da introdução dos telefones de tecla, que os modelos de telefone mais antigos se tornaram raridade.[4]

Faça uma comparação com o que aconteceu quando a Apple introduziu o primeiro telefone celular touchscreen, em 2007, para substituir os telefones de tecla. Os iPhones da Apple tiveram um sucesso imediato, e em sete anos as tecnologias concorrentes praticamente desapareceram. Ao contrário da era anterior, quando a adoção do novo seguiu em passo de lesma, em 2007 as pessoas não só estavam prontas, como também ansiosas para mudar seus hábitos, impacientes para adquirir cada nova versão de telefone e os novos recursos que surgiram nos anos seguintes.

Em meados do século XX, as pessoas levaram décadas para mudar o hábito simples de usar um telefone de disco, enquanto no século XXI demorou muito pouco tempo para elas fazerem a transição para o que em essência é um sistema de computador integral. Empresas como a BlackBerry, que não se adaptaram de imediato à nova tecnologia, foram marginalizadas, mas a capacidade de adaptação logo se tornou importante também para os indivíduos realizarem seu potencial e prosperarem socialmente.

O episódio dos kanamitas de *Além da imaginação* foi ao ar um ano antes da introdução do telefone de tecla. No final do episódio, Chambers, já a bordo da nave, vira-se para a câmera e pergunta aos telespectadores: "E quanto a você? Ainda está na Terra ou na nave comigo?" A moral da história era que seguir o novo ou diferente pode ser fatal. Hoje, quando ideias alienígenas pousam no nosso mundo profissional ou social, a melhor aposta é se arriscar, subir a bordo da espaçonave e pensar nessas ideias.

O mito da aversão à mudança

Você teria embarcado na nave dos kanamitas? Existe um mito muito difundido na nossa cultura sobre as pessoas se mostrarem avessas ao novo e à mudança. Mudança é um tema que costuma ser debatido com frequência no mundo do trabalho, e a literatura acadêmica sobre os negócios tem muito a dizer a esse respeito.[5] "Funcionários tendem instintivamente a se opor à mudança", proclamou um artigo na *Harvard Business Review*. "Por que a mudança é tão difícil?", perguntou alguém. Contudo, será que a mudança é mesmo tão difícil? Se as pessoas em geral são avessas à mudança, os psicólogos não devem ter notado, pois se você recorrer à bibliografia das pesquisas em psicolgia, não vai encontrar menção a aversão à mudança.

O motivo para essa diferença de percepção é que, enquanto a gerência estimula iniciativas de mudança com os títulos de *reestruturação, rotatividade* e *mudança estratégica*, os funcionários veem isso como outra coisa: demissões. Quando a mudança se traduz em risco de perder o emprego, ou se o novo resulta numa carga de trabalho maior, é compreensível que as pessoas reajam de forma negativa. Mas isso não é aversão à mudança; é aversão ao desemprego, ou aversão às consequências negativas.

Um funcionário pode se eriçar ao ser chamado ao escritório de um superior para ouvir: "A corporação está lutando para ser mais eficiente, por isso você vai ter de trabalhar 10% a mais com o mesmo salário." Mas esse mesmo funcionário adoraria ouvir: "A corporação está lutando para ser menos eficiente, por isso você vai trabalhar 10% a menos com o mesmo salário." Esta última proposta nunca acontece. Mas, se acontecesse, esses artigos da *Harvard Business Review* diriam: "Funcionários tendem instintivamente a *adorar* mudanças"; e perguntariam: "Por que a mudança é tão *fácil*?"

Rejeitar uma mudança por ser negativa, por aumentar a carga de trabalho ou introduzir a possibilidade de qualquer uma dessas eventualidades é uma reação lógica e racional. Mas, no que diz respeito à natureza humana, na ausência de consequências negativas, nosso instinto natural é o oposto: nós tendemos a ser *atraídos* tanto pelo novo quanto pela mudança. Essa característica, chamada "neofilia", é um tópico estudado pela psicologia. Na verdade, assim como a dependência de recompensa, a autopreservação e a persistência, a neofilia é considerada um dos quatro componentes básicos do temperamento humano.

A atitude geral de um indivíduo em relação ao novo e à mudança é influenciada tanto pela natureza quanto pela criação – nossos genes e nosso ambiente. A influência do ambiente é mais aparente na evolução das atitudes humanas ao longo do tempo. Alguns séculos atrás, a vida da maioria das pessoas caracterizava-se por tarefas repetitivas, muitas horas de trabalho solitário e carência de estímulos. O novo e a mudança eram raros, e as pessoas se mostravam desconfiadas por se sentirem confortáveis em condições que hoje consideraríamos extremamente tediosas. E quando digo "extremamente tediosas" não estou falando do tempo em que sua namorada o arrastava para assistir a um documentário sobre a vida de Al Gore. Estou falando de uma semana de trabalho de sessenta horas lascando pedaços ásperos de pedra para serem usados na construção de uma estrutura, utilizando um machado para derrubar e podar uma árvore de quinze metros de altura ou passar semanas numa diligência lotada viajando de Nova York a Ohio.

Como o tédio costumava ser a norma, o conceito de "chato" – ou ao menos a palavra em inglês para isso – só apareceu depois da Revolução Industrial, no final do século XVIII.[6] Desde então, tanto a oferta de estímulos quanto nosso desejo por eles vêm aumentando gradualmente – sobretudo no século XX, com o surgimento da eletricidade, do rádio, da televisão, do cinema e de novos meios de transporte. Isso não só causou mudanças na maneira como vivemos; também nos expôs a outros modos de vida, ampliando em muito a nossa mobilidade e o número de pessoas e lugares que conhecemos. Por meio de viagens e da mídia, nós podemos explorar não apenas nossas cidades, mas o mundo todo.

Apesar de termos nos tornado muito mais confortáveis com o novo e a mudança no século XX, essa evolução das nossas atitudes não foi nada em comparação à transformação provocada pelos avanços dos últimos vinte anos, pelo surgimento de internet, e-mail, mensagens de texto, mídias sociais e pelo ritmo acelerado das mudanças tecnológicas.

A evolução da nossa atitude é uma adaptação, mas é também uma evolução, pois sempre tivemos o potencial de fazer grandes ajustes. Como veremos, isso está em nossos genes. É um dos traços que nos definem. Vamos chegar às diferenças individuais adiante, bem como às tendências que dependem de genética, experiência e idade, mas, de maneira geral, aqueles no mundo dos negócios que reclamam da relutância das pessoas em se adaptar a alterações no local de trabalho têm sorte de não precisarem fazer os gatos trabalharem mais horas ou os guaxinins alterarem a maneira como buscam alimento. Comparados a outras espécies, os homens *adoram* o novo e a mudança. "Nós [seres humanos] ultrapassamos fronteiras. Adentramos novos territórios mesmo quando dispomos de recursos no lugar onde estamos. Outros animais não fazem isso", diz Svante Pääbo, diretor do Instituto Max Planck de Antropologia Evolutiva.[7]

Assim, embora nos faça exigências sem precedentes, na verdade nossa era atual somente nos pede que exploremos uma característica que sempre tivemos – uma das características que nos tornam humanos. Nossa capacidade e nosso desejo de nos adaptar, de explorar e gerar novas ideias são, de fato, o objeto deste livro.

Nosso ímpeto exploratório

As primeiras versões da nossa espécie não eram neófilas. Duzentos mil anos atrás, na África, nossos ancestrais pareciam não ter motivação para sondar novos ambientes. A tripulação de *Star Trek* tinha como missão "explorar novos mundos estranhos, buscar novas formas de vida e novas civilizações; audaciosamente indo aonde nenhum homem jamais esteve". Porém, uma tripulação com a atitude dos primeiros seres humanos estaria mais propensa a ter como missão "sentar num tronco, não arriscar a sorte e timidamente evitar áreas que ninguém ainda havia explorado".

O que parece ter mudado nossa psique foi um grande evento catastrófico – provavelmente relacionado à mudança climática – que dizimou nossas fileiras aproximadamente 135 mil anos atrás.[8] Naquela época, toda a população da subespécie que agora chamamos de humanos despencou para apenas seiscentos. Hoje, isso seria suficiente para nos colocar na lista de espécies ameaçadas, garantindo afinal que a lista contivesse ao menos um animal que todo mundo concorda que vale a pena salvar. Mas apesar de a mortandade ter sido uma época trágica para a maioria de nossos ancestrais, ela foi uma bênção para os sobreviventes da nossa espécie.

Agora muitos cientistas acreditam que o abalo ambiental atuou como um filtro genético, selecionando de nossas fileiras os menos aventureiros e dando preferência à sobrevivência daqueles com o ousado desejo de explorar. Em outras palavras, se morassem lá naquela época, nossos amigos que vão sempre ao mesmo restaurante e pedem filé com fritas provavelmente teriam perecido, enquanto os caçadores de emoções que se deleitam em descobrir novos chefs e pratos como tubarão podre e orelha de porco frita teriam mais chance de resistir.

Os cientistas chegaram a essa conclusão porque os humanos permaneceram perto de suas origens na África durante centenas de milhares de anos. Mas, então, como revelam fósseis descobertos na China e em Israel, alguns milhares de anos depois da mortandade, os descendentes desses bravos sobreviventes "de repente" estavam viajando para novos mundos distantes.[9]

Em 2015, essas descobertas foram confirmadas por análises de populações modernas e de antigo material genético. Isso indica que há mais ou menos 50 mil anos os humanos já tinham se espalhado pela Europa e há 12 mil anos, por todos os cantos do globo. Como acontece com as colonizações, esse foi um processo rápido, sugerindo uma evolução na característica fundamental da nossa espécie. Os neandertalenses, em comparação, andaram por aí por centenas de milhares de anos, mas nunca se aventuraram para além da Europa e da Ásia central e ocidental.

Se a nossa espécie foi alterada por esse evento catastrófico – se aquela época difícil de nossa existência favoreceu aqueles com maior tendência a explorar e a se arriscar –, nossa atitude em relação à mudança deveria se refletir na nossa formação genética. Hoje deveríamos ter um gene ou um conjunto de genes que nos fizesse sentir descontentes com o statu quo, que nos levasse a buscar o novo e o desconhecido. Os cientistas localizaram esse gene em 1996. Ele se chama DRD4, sigla em inglês para "gene receptor de dopamina D4", pois afeta a maneira como o cérebro reage à dopamina.[10]

A dopamina é um neurotransmissor, uma entre diversas moléculas de proteína que os neurônios usam para se comunicar uns com os outros. Ela tem um papel especialmente importante no sistema de recompensa do cérebro, sobre o qual falarei no Capítulo 3. Por enquanto, vou apenas dizer que o sistema de recompensa inicia os nossos sentimentos de prazer, e a dopamina transporta esses sinais. Sem esse sistema de recompensa, você sentiria a mesma coisa quando um guarda de trânsito dissesse "Desta vez você vai levar só uma advertência", ou quando um repórter da CNN noticiasse que "Cientistas acabam de descobrir o exoplaneta número 4.000".

O gene DRD4 vem em variantes chamadas DRD4-2R, DRD4-3R etc. Todo mundo tem alguma modalidade desse gene, mas assim como a altura e a cor dos olhos variam, também varia o grau de busca pelo novo atribuído a essas diferentes formas. Algumas versões do gene, como a variante DRD4-7R, conferem às pessoas especificamente uma alta tendência a explorar. Isso porque os que contam com essa variante reagem de maneira mais fraca à dopamina em seu sistema de recompensa. Como resultado, elas exigem mais dopamina para se entusiasmar com a vida cotidiana do que as que têm outras variantes, e precisam de um nível mais alto de estímulo para chegar a um nível satisfatório.

A descoberta do papel do DRD4 respondeu a algumas perguntas, mas sugeriu outras. Por exemplo, se esse gene realmente se relacionar à nossa tendência a exploração, será que as populações que se afastaram das nossas origens africanas têm uma incidência mais alta de DRD4-7R que as que vagaram menos? Se a análise da origem de nosso comportamento de busca do novo estiver correta, isso seria esperável.

Essa expectativa se provou válida. A ligação geográfica foi estabelecida pela primeira vez em 1999, e depois de forma mais definitiva num artigo marcante de 2011, com o canhestro título "Polimorfismos do DRD4 buscador do novo são associados à migração humana para fora da África depois de controlar a estrutura do gene populacional neutro".[11] Esse artigo mostrou que, quanto mais nossos ancestrais migraram para longe de suas raízes africanas, maior a prevalência da variante DRD4-7R nessa população.[12] Por exemplo, os judeus que migraram para Roma e para a Alemanha, a uma grande distância de suas origens, mostram uma proporção mais alta dessa variante que os que migraram para o sul da Etiópia e para o Iêmen, uma distância mais curta.

É uma supersimplificação atribuir algo tão complexo como um traço de personalidade a um só gene. Com certeza muitos outros genes contribuem no tocante a essa tendência para o novo e a exploração. E o componente genético é apenas um dos fatores numa equação que deve também incluir a história de vida da pessoa e as circunstâncias correntes. Mesmo assim, a contribuição genética pode ser rastreada, e atualmente os cientistas estão em busca de outros genes aí envolvidos e de suas funções para completar o quadro.

Enquanto nos vemos diante de cada vez mais novidades e da aceleração das mudanças na sociedade humana, a boa notícia é que, embora essas mudanças sejam disruptivas, a maioria de nós tem uma boa dose de neofilia como parte de nossa herança genética. As mesmas características que nos salvaram 135 mil anos atrás ainda podem nos ajudar hoje.

E uma notícia melhor ainda para nós e a nossa espécie é que não só nossos genes nos ajudam a lidar com a nova sociedade, mas a sociedade também nos ajuda a moldar nossos genes. Pesquisas de ponta em genômica mostram que nossas características não são, como se acreditava, simples consequências do DNA que forma nossos genes. Nossas características dependem também da "epigenética" – a maneira como as células modificam o nosso DNA genômico e as proteínas intimamente ligadas a esse DNA para ligar ou desligar genes em resposta a circunstâncias externas. Estamos apenas começando a entender como isso funciona, mas as mudanças epigenéticas podem resultar de nossos hábitos ou comportamentos, e também ser transmitidas. Se isso for verdade, as transformações na sociedade que favorecerem a maior aptidão para lidar com o novo talvez acabem causando mudanças adaptativas na nossa espécie.

P&D pessoal e a escala da neofilia

Talvez você se lembre de que umas duas décadas atrás um sujeito chamado Timothy Treadwell tornou-se sensação na mídia e o queridinho de Hollywood. Consta que Leonardo DiCaprio contribuiu para sua campanha de levantamento de recursos, assim como Pierce Brosnan e corporações como a Patagonia.[13] Treadwell era defensor dos ursos-pardos do Alasca e um reconhecido explorador que viveu entre eles.

Os psicólogos têm um termo para pessoas na ponta mais extrema do espectro dos que procuram o novo. Eles os chamam de "caçadores de sensações". Treadwell era um caçador de sensações. Quando morava em Long Beach, na Califórnia, antes mesmo de conhecer o Alasca, ele teve experiências com drogas, como a *speedball*, mistura de heroína com cocaína, que quase o matou. Uma noite, viajando de LSD, ele saltou de uma varanda no terceiro andar e caiu de cara, felizmente num terreno de lama macio. Mas quando descobriu o Alasca e os ursos-pardos, Treadwell trocou suas pesquisas com drogas por aventuras no território dos ursos no Parque Nacional de Katmai, onde passava os verões vivendo perto dos animais e interagindo com eles.

Pesando quinhentos quilos, os ursos "podem correr 56 quilômetros por hora" e "dar saltos de 3,35 metros no ar", admirava-se Treadwell. Também conseguem seguir uma presa praticamente em silêncio e "matar você com uma patada". Ele estudou o comportamento dos ursos com ousadia e paciência, até acreditar ter descoberto o poder de desarmá-los: cantando e dizendo que os amava. "Venham aqui e tentem fazer o que eu faço... Vocês vão morrer, [mas] eu descobri uma maneira de sobreviver com eles." Em 2003, não muito depois de fazer esse pronunciamento, Treadwell e sua namorada foram devorados vivos.

Tem gente que gosta de passar de 150 quilômetros por hora montada numa Harley-Davidson numa estrada rural; outros preferem uma noite tranquila lendo *Uma história da cadeira de balanço de metal*. Embora uma extrema propensão à aventura e à exploração possa resultar numa redução da expectativa de vida dos que a sentem – como Treadwell –, a chance de sobrevivência da população como um todo pode ser aumentada pela presença desses "pioneiros", pois o grupo se beneficia de novas descobertas e novos recursos. E assim nossa espécie abrange um grande espectro de indivíduos, desde os que têm medo de se arriscar até impetuosos aventureiros como Treadwell, que parecem refratários ao medo.

Na floresta, os pioneiros humanos que buscavam o novo exploravam novos territórios ou, como Treadwell, o modo de vida de animais que habitavam o território. No contexto em que vivemos hoje, os que geram ideias incomuns ou originais na ciência, nas artes ou nos negócios são inspirados pelo mesmo tipo de motivação, aplicada a um tipo de território diferente, e os frutos de seus esforços são tão importantes em nossa vida na sociedade civilizada quanto eram quando vivíamos na natureza.

Nós também fazemos explorações em nossa vida pessoal, arriscando tempo e dinheiro em atividades que podem – ou não – valer a pena. É a nossa versão individual de P&D de uma corporação. Quando você socializa com estranhos, está explorando as possibilidades de novos relacionamentos. Quando se matricula num curso noturno para aprender uma aptidão que ainda não tem, está explorando um novo passatempo. Quando vai a uma entrevista de emprego apesar de já estar empregado, está explorando uma nova carreira. Quando começa um novo negócio, está explorando o mundo do comércio. Quando acessa o Match.com, está explorando o cenário de um novo namoro.

A exemplo do que acontece com outros animais, a quantidade de recursos investida em atividades de P&D pessoal depende de diversos fatores – o grau de satisfação com seu "ambiente" atual, sua situação na vida e o grau de sua propensão humana inata de buscar o novo. Os psicólogos desenvolveram vários "inventários" para medir a tendência a buscar o novo em uma pessoa. Veja a seguir um deles, um teste de oito afirmações que você pode fazer para saber o seu nível.[14] Basta avaliar cada afirmação numa escala de 1 a 5 e computar o total. Use as seguintes referências para avaliar seus pontos:

1 = discordo totalmente
2 = discordo
3 = nem concordo nem discordo
4 = concordo
5 = concordo totalmente

Aqui estão as afirmações:

1. Eu gostaria de explorar lugares estranhos. _____
2. Eu gostaria de fazer uma viagem sem rotas ou horários preestabelecidos. _____
3. Eu me sinto irrequieto quando passo muito tempo em casa. _____
4. Eu prefiro amigos instigantes e imprevisíveis. _____
5. Eu gosto de fazer coisas assustadoras. _____
6. Eu gostaria de experimentar o *bungee jumping*. _____
7. Eu gosto de festas desvairadas. _____
8. Eu adoro experiências novas e instigantes, mesmo que sejam ilegais. _____

Total: _____

Como ilustra o gráfico a seguir, se seus pontos chegam a 24, você cai na média da população na escala de neofilia. Cerca de dois terços de todos os indivíduos ficam dentro desse intervalo de cinco pontos – entre 19 e 29. Pessoas com pontuação especialmente alta são desbravadoras natas. As que pontuam mais baixo são mais estáveis e mostram talento para análises objetivas e avaliação de riscos. Podem também ser mais práticas. Eu fiz 37 pontos, o que minha mãe diz que era previsível, pois quando tinha doze anos pulei do telhado da minha escola só para ver como era a sensação. (Eu me senti melhor algumas semanas depois, que foi também quando voltei a andar.)

Se eu tivesse feito um teste de neofilia aos doze anos, provavelmente eu teria marcado mais pontos, pois, como o gráfico indica, o grau com que somos atraídos pelo novo e pelo sensacional varia com a idade.[15] Em estudo feito com jovens adultos entre dezoito e 26 anos, a pontuação média foi vários pontos acima da média entre adultos: 27,5. E em estudo com adolescentes entre treze e dezessete anos, a média foi 30, um ponto acima do corte que acabei de mencionar para adultos radicais na busca pelo novo.

O fato de pessoas mais jovens exibirem neofilia se deve em parte ao mundo de mudanças rápidas em que estão crescendo. Mas como a busca do novo envolve riscos, essa variação de idade sem dúvida também se deve ao fato de que, como veremos adiante, o cérebro racional e avaliador de riscos de uma pessoa só se desenvolve totalmente aos 25 anos.

Embora o grau de neofilia seja um importante indicador da sua disposição para confrontar o novo e a mudança, é o seu

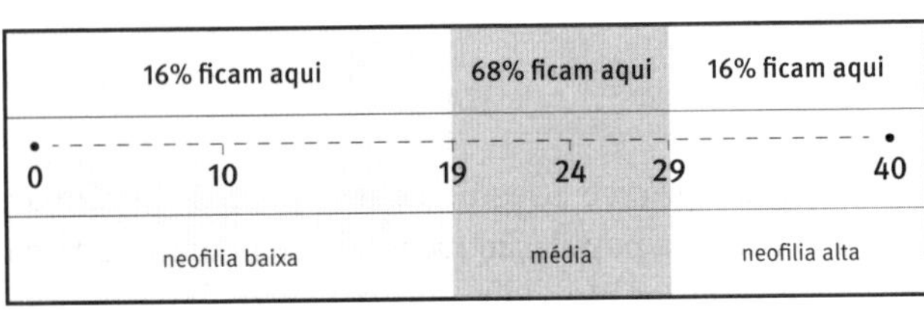

Distribuição de número de pontos em neofilia.

estilo cognitivo – a maneira como chega a conclusões, toma decisões e resolve problemas – que determina sua abordagem aos desafios que surgem de tais situações. Provavelmente o seu estilo cognitivo não é nem puramente analítico nem puramente flexível, apresentando elementos dos dois. E – dentro dos limites que variam entre indivíduos – a mistura que você emprega vai depender da situação, do seu estado de espírito e de outros fatores. Mais importante: a abordagem que sua mente tende a adotar pode ser alterada se você trabalhar nela. O primeiro passo para aprender a assumir o controle do seu pensamento é entender o que significa pensar, quanto o pensamento flexível se diferencia do pensamento analítico e do processamento programado, o que impele nossos processos de pensamento e como nosso cérebro processa a informação. Esses são os tópicos que abordaremos na Parte II.

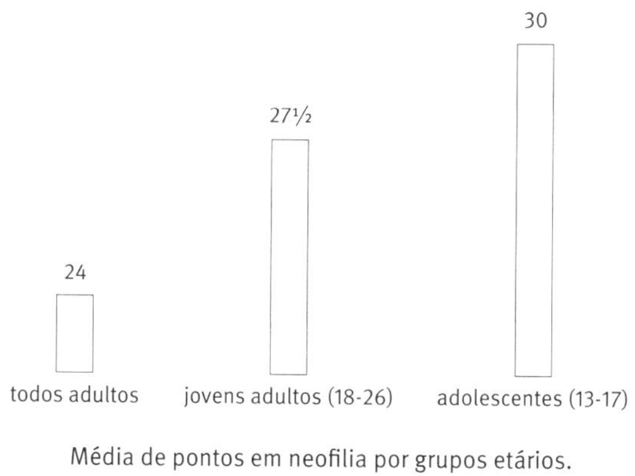

Média de pontos em neofilia por grupos etários.

PARTE II

Como pensamos

2. O que é o pensamento?

Espiando dentro do cérebro

Em um dia frio e chuvoso de 1650, Anne Greene, "mulher gorda e carnuda", foi escoltada até as masmorras de Oxford, Inglaterra, proclamando a própria inocência.[1] Os médicos corroboravam sua afirmação. Eles acreditavam que o filho dela havia nascido pequeno demais para sobreviver, por isso duvidavam que a mulher tivesse causado a morte do bebê de propósito, como a incriminavam. Mas o pai da criança, que a acusava do crime, era neto de um poderoso cavalheiro local, e por isso os juízes condenaram Anne à forca. Ela subiu a escada. Um salmo foi cantado. Enlaçaram a corda em seu pescoço e a empurraram do estrado.

Anne Greene ficou pendurada diante da multidão, no pátio, por meia hora, antes de ser declarada morta e afinal tirada da corda. Foi acomodada num caixão fornecido pelos médicos Thomas Willis e William Petty, que tinham permissão do rei Carlos I de dissecar o corpo dos criminosos para fins de pesquisa médica. O caixão foi transportado até a sala de dissecação na casa de Petty, onde deveria ser realizada a autópsia. Mas, quando eles abriram o caixão para retirar e abrir o corpo, Petty ouviu um rosnado saindo da garganta de Anne.

Depois de anos dissecando cadáveres, era a primeira vez que Petty via um corpo protestar. Apalpou o pescoço da mulher e sentiu uma leve pulsação. Os dois médicos se aproximaram do corpo e esfregaram as mãos e os pés de Anne durante quinze minutos. Passaram terebintina na queimadura do pescoço e fizeram cócegas na garganta dela com uma pena. Ela tossiu. Na manhã seguinte, Anne Greene estava viva de novo. Ela pediu uma cerveja. Alguns dias depois já tinha se levantado da cama e "comia asas de frango".

As autoridades decidiram enforcá-la de novo. Mas Willis e Petty argumentaram que a sobrevivência de Anne Greene era um sinal da providência divina, que indicava sua inocência, e a mulher acabou sendo solta, se casando e tendo muitos outros filhos.

Antes de sair da casa de Petty, Anne Greene conseguiu ganhar algum dinheiro voltando ao caixão – pessoas pagavam para ver ali deitada a mulher que havia voltado à vida no momento em que ia ser dissecada. O incidente também conferiu fama e prestígio a Thomas Willis, que a "trouxe de volta dos mortos" e contou para todo mundo. Poetas escreveram obras em sua homenagem e Willis se tornou um dos médicos mais conhecidos da época.

Em suas dissecações, Willis se concentrava no cérebro. Ao realizar autópsias em pacientes que havia tratado ao longo da vida, ele conseguiu estudar as relações entre lesões cerebrais e comportamentos anômalos. Foi o primeiro a estabelecer uma relação entre comportamentos e alterações específicas na estrutura do cérebro. Ele cunhou o termo *neurologia*, identificou e deu nome a muitas regiões do cérebro, termos que vigoram até hoje. Usou sua fama recém-adquirida para publicar e divulgar seu trabalho e suas ideias. E com a ajuda do arquiteto Christopher Wren elaborou desenhos do cérebro humano que se tornaram os mais precisos disponíveis durante os dois séculos seguintes.

Trezentos anos depois da morte de Willis, não precisamos mais esperar que as pessoas morram para espiar dentro da cabeça delas. A tecnologia nos proporcionou meios de estudar o cérebro enquanto elas estão vivas, o que contribuiu para a criação do novo campo da neurociência cognitiva – o estudo de como pensamos e como o pensamento é produzido pelo cérebro.

Um dos princípios básicos da neurociência cognitiva é que a estrutura e a forma do pensamento são independentes de seu conteúdo específico. Em outras palavras, a atividade mental que leva à criação de novos negócios, xampus e tipos de comida é fundamentalmente a mesma que produz novas teorias científicas, pinturas e sinfonias. E assim, ao começarmos a investigar o pensamento flexível, vamos considerar primeiro, de maneira mais geral, a natureza do próprio pensamento.

O que se qualifica como pensamento

Por que os animais desenvolvem cérebros? O filósofo Karl Popper abordou essa questão de forma indireta quando escreveu que "toda vida envolve a solução de problemas".[2] As palavras de Popper refletem a perspectiva da biologia evolutiva, que vê os animais como máquinas biológicas tentando sobreviver e se reproduzir. A partir desse ponto de vista, os animais são considerados dispositivos passando de um desafio a outro. Assim, a evolução do cérebro dos animais é o desenvolvimento, ao longo de éons, de máquinas cada vez melhores na resolução de problemas. Dar um passo adiante com o pé significa resolver o problema de ir daqui até ali, mas escrever um poema ou pintar um quadro também é resolver um problema – de como se expressar sobre algum tema ou sentimento. Trata-se de uma concepção do pensamento compartilhada por muitos neurocientistas e psicólogos.

Seja ou não verdade que *toda* vida se volta para a resolução de problemas, é difícil discordar que, pelo menos no reino animal, boa parte da vida faz isso porque tem de fazer. Uma pedra na encosta de uma montanha não faz nada para alterar seu destino. As plantas estão vivas, mas não se saem muito melhor. Sendo estacionárias em comparação aos animais, elas têm menos necessidade de enfrentar mudanças, mas também dispõem de menos capacidade para isso. Fincam suas raízes no que mais ou menos determina seu ambiente e lidam com o entorno – ou morrem. Os animais, por sua vez, são projetados para mudar as próprias circunstâncias, afastando-se de condições e situações ameaçadoras em busca de condições mais favoráveis. Trata-se de uma habilidade útil, pois como sua vida envolve movimento eles precisam agir continuamente para resolver os vários problemas e enigmas que encontram. Eles fazem isso por meio de sentidos que reúnem informações, ou de alguma outra maneira de detectar o que acontece no ambiente em que vivem, e um cérebro, ou estrutura semelhante ao cérebro, que processa a informação sensorial de forma a interpretar situações dinâmicas e escolher a ação apropriada.

Mas a evolução é econômica, e não cria uma Maserati quando um motorzinho de bicicleta pode resolver o problema. Por isso, para resolver seus problemas, os animais dispõem de três modos, cada um mais sofisticado que o outro, para o processamento de informação que mencionei antes: roteirizada, analítica e elástica. A primeira se destina a problemas simples e costumeiros, enquanto as duas últimas lidam com outros tipos de desafio.

Isso evoca uma pergunta interessante: se um organismo processa informação, isso quer dizer que está pensando? Quando colocado num labirinto, o bolor limoso, um ameboide inferior, consegue descobrir como chegar até o alimento. E se esse alimento for colocado em dois locais diferentes no labirinto, o ameboide se reconfigura para ingerir ambos da maneira mais eficiente possível, alterando-se na forma mais curta que possa alcançar os dois locais.[3] O ameboide está resolvendo um problema. Isso é pensar? E se não chamarmos isso de pensamento, por que não se qualifica como tal? Onde podemos traçar o limite?

De acordo com o dicionário, pensar é "utilizar a mente racional e objetivamente para avaliar e lidar com uma dada situação; considerar algo como ação possível, escolher etc.; inventar ou conceber alguma coisa".[4] Um livro-texto sobre neurociência dá essa definição de forma um pouco mais técnica: "Pensamento é o ato de observar, identificar e fornecer respostas significativas a estímulos ... caracterizado pela capacidade de gerar ideias encadeadas, muitas das quais são novas."[5]

Em suas formulações mais simples, essas definições dizem que pensar é *avaliar* circunstâncias e conceber uma resposta significativa ao *gerar ideias*. Isso significa que o processamento de informação roteirizado, como o realizado pelo ameboide, não se caracteriza como "pensamento". O ameboide não está avaliando uma circunstância, mas respondendo a um gatilho ambiental. Não está gerando uma ideia, mas seguindo uma resposta pré-programada. O mesmo se aplica à mamãe gansa protegendo seus ovos no ninho.

Dito isso, a exclusão da definição de *pensar* da execução automática de um roteiro por um organismo (ou por um computador) é apenas uma convenção, um limite arbitrário que escolhemos traçar. O importante é reconhecer que, em vista dessa definição, o que chamamos de pensar não é necessário para grande parte ou até para a maior parte da existência de um animal. No reino animal, pensar é a exceção, não a regra, pois a maioria dos animais tem vidas bem padronizadas. Na maior parte das ocasiões, eles se dão muito bem agindo como autômatos. E quanto a nós, seres humanos? Nossas respostas são resultado de pensamento, ou também passamos boa parte da vida sem pensar, seguindo hábitos roteirizados?

Atenção plena

No final dos anos 1970, a psicóloga Ellen Langer e dois colegas escreveram um artigo seminal que formulava a seguinte pergunta: "Quanto de comportamento pode acontecer sem consciência total?" Bastante, eles concluíram, como se refletia no título do artigo, "A falta de consciência na ação ostensivamente pensada".[6]

Todos sabemos que às vezes agimos no "piloto automático". Mas o chocante no artigo de Ellen Langer foi que tal comportamento roteirizado é também comum nas nossas "complexas interações sociais". Por "complexas" ela não estava se referindo a dramas ou a planejamentos maquiavélicos. Referia-se simplesmente a uma interação em que alguma coisa, mesmo algo menor, estivesse em questão. Quando nos confrontamos com situações conhecidas desse tipo, ela e os colegas concluíram, tendemos a agir sem pensar, seguindo padrões programados e com poucos ajustes às especificidades da situação em pauta.

Em um dos experimentos descritos no artigo, um pesquisador sentou-se a uma mesa perto de uma máquina de xerox e passou a abordar as pessoas que se aproximavam para fazer cópias. Ele dizia: "Com licença, eu tenho cinco páginas para copiar. Posso usar a máquina?" Sessenta por cento dos usuários deixavam. Mas, para outros, o pesquisador dizia: "Com licença, eu tenho cinco páginas para copiar. Posso usar a máquina *porque estou com pressa*?" Diante dessa pergunta, 94% concordaram com o pedido.

Assim como com a mamãe gansa, essa atitude parece um comportamento consciente. Dá a impressão de que a maioria dos que estavam entre os 40% que não concordaram com o primeiro pedido respondeu de forma diferente quando houve uma justificativa para que comparassem a própria urgência com a da pessoa "com pressa".

Mas o experimento também tentou uma terceira versão do pedido, que dizia: "Com licença, eu tenho cinco páginas para copiar. Posso usar a máquina *porque tenho de fazer algumas cópias*?" Essa versão do pedido parece ter a mesma estrutura da que dava certo: uma declaração, um pedido, uma justificativa. Mas o conteúdo difere. Dessa vez a "justificativa" é vazia. A frase "porque tenho de fazer algumas cópias" não acrescenta absolutamente nada à afirmação anterior, "eu tenho cinco páginas para copiar".

Se os usuários da máquina estivessem realmente decidindo como responder baseados nos méritos do pedido, a última abordagem deveria ter tido a mesma taxa de aceitação da que não apresentava nenhuma razão – 60%. Mas se estivessem seguindo um roteiro que diz "Se o solicitante apresentar uma razão – uma declaração que justifique o pedido (não importa quão relevante seja) –, concordar com o pedido", seria de esperar uma taxa de aceitação mais próxima do outro caso, de 94%. Foi exatamente o que aconteceu. A justificativa vazia teve uma taxa de aceitação de 93%. Os que foram influenciados pela justificativa vazia estavam seguindo um roteiro, sem pensar.

Essa e outras pesquisas sugerem que, apesar de você pensar que raramente segue roteiros nas suas interações sociais, a maioria de nós faz isso com muita frequência. Na verdade, os psicólogos clínicos, que trabalham fora do mundo de estudos controlados de laboratório, veem comportamentos roteirizados o tempo todo, sobretudo na dinâmica dos relacionamentos. Por exemplo, pesquisadores de relacionamentos identificaram um padrão chamado "exigência/afastamento" em que alguns casais se envolvem de forma regular, embora seja algo destrutivo.[7] Essa dinâmica ocorre quando um dos parceiros, em geral a mulher, quer que o outro mude em alguma coisa, ou em discussões sobre uma questão interpessoal. Esta é a "exigência", que aciona uma resposta de afastamento em muitos homens, que preferem evitar a discussão. O afastamento do parceiro, por sua vez, faz a mulher aumentar a exigência, e o resultado pode ser uma escalada do conflito.

De forma análoga, um dos parceiros numa relação pode fazer alguma coisa para irritar uma "chaga" emocional em sua contraparte, provocando uma reação de raiva previsível. Infelizmente, essa raiva costuma servir de gatilho para uma reação do primeiro parceiro, que leva a questão para o lado pessoal, em vez de considerá-la uma reação impensada baseada num roteiro automatizado. O resultado, mais uma vez, é uma escalada e um ciclo de conflitos e discussões familiares.

Os terapeutas dizem aos seus pacientes que a maneira de sair desses ciclos é reconhecer quando eles estão ocorrendo e se aliarem para interromper os roteiros – como poderiam ter feito as pessoas na máquina de xerox se tivessem consciência da natureza automatizada de suas reações. É algo semelhante ao que você faz quando está indo de carro para o trabalho e ouve a sirene de uma ambulância ou se vê diante de qualquer circunstância anômala, situações que o levam a se desligar do modo piloto automático em que geralmente funciona.

De maneira mais genérica, o primeiro passo para melhorar tanto o pensamento analítico quanto o flexível é aperfeiçoar o *pensamento* – tornar-se mais consciente de quando utilizamos roteiros automáticos e descartá-los quando eles não forem os mais adequados. Pois somente alguém autoconsciente pode interromper um roteiro automático que não seja apropriado. Langer chamou essa autoconsciência de *estado desperto*. Hoje, os psicólogos a chamam de atenção plena (*mindfulness*), com base num conceito que tem suas raízes na meditação budista.

William James disse: "Comparados ao que deveríamos ser, nós estamos apenas parcialmente acordados."[8] Um estado de atenção plena é o contrário disso. Num estado de atenção plena, você está totalmente consciente de todas as suas percepções, sensações, de seus sentimentos e dos processos de pensamentos correntes e aceita tudo com calma, como se vistos a distância. O monitoramento mental exigido não é difícil, mas, assim como melhorar a postura, exige um esforço contínuo. Felizmente, um bocado de pesquisas recentes mostra que a atenção plena pode ser cultivada com simples exercícios mentais.[9] Descrevo a seguir alguns dos mais conhecidos, para os que estiverem interessados em tentar.

1. *Escaneamento do corpo*. Sente-se ou deite-se numa posição confortável. A atividade deve levar de dez a vinte minutos. Afrouxe as roupas apertadas e feche os olhos. Respire fundo algumas vezes e concentre-se no seu corpo como um todo. Sinta seu peso no piso ou na cadeira, bem como a sensação desse contato. Em seguida, começando pelos pés, conscientize-se da sensação de todas as partes do corpo. Seus pés estão quentes ou frios, tensos ou relaxados? Você sente alguma dor ou algum desconforto? Lentamente, deixe sua atenção percorrer os tornozelos, as panturrilhas, os joelhos, coxas, nádegas e quadris, depois suba para o torso. Em seguida, concentre-se nos dedos, suba para os braços e ombros, e finalmente para o pescoço, o rosto, a cabeça e o couro cabeludo. Por fim, reverta o processo, descendo pelo corpo.
2. *Atenção plena aos pensamentos*. Assim como o escaneamento do corpo, isso pode ser feito em vinte minutos ou menos, e você vai começar fechando os olhos e respirando fundo. Concentre-se na respiração até ter aquietado a mente. Depois relaxe a concentração e deixe os pensamentos vagarem. Preste atenção em cada pensamento de forma distanciada, sem julgar nem se envolver. É um sentimento, uma imagem

mental, um pouco de diálogo interior? Simplesmente esmaece ou leva a outro pensamento? Se encontrar o pensamento que está dificultando o exercício, aceite-o e observe esse pensamento também.

3. *Comer com atenção plena.* Esse exercício é mais curto e mais divertido – deve demorar cinco minutos. Pode ser feito com a comida que você quiser. Em geral é feito com uvas-passas, mas eu o uso como desculpa para comer um pedaço de chocolate. Vou descrever o que fazer. Como nos outros exercícios, comece respirando fundo e esvaziando a mente. Depois segure o chocolate. Concentre-se nele. Se estiver embrulhado, sinta a embalagem. Vire-o nos dedos e sinta sua textura. Depois desembrulhe e sinta o chocolate. Observe sua aparência. Leve-o ao nariz e sinta a fragrância. Observe como o seu corpo reage a isso. Agora leve o chocolate devagar aos lábios e coloque-o delicadamente na boca, sem mastigar nem engolir. Feche os olhos e passe a língua pelo chocolate. Preste atenção na sensação. Concentre-se nos sabores e sensações percebidos pela língua. Movimente o chocolate na boca. Esteja ciente de seu desejo de engolir o chocolate, se surgir esse desejo. Enquanto o chocolate derrete, engula devagar, sempre consciente das sensações.

Há muitos outros exercícios de atenção plena – é fácil encontrá-los na internet. Não importa quais deles você pratique. Mas, segundo as pesquisas, se você praticar um exercício de sua escolha de três a seis vezes por semana, depois de um mês terá conseguido alguma melhora na sua capacidade de evitar respostas automáticas, bem como em outras "funções executivas" do cérebro (ver Capítulo 4), como a capacidade de concentração e saber alterar sua atenção de uma tarefa para outra. Essa capacidade o ajudará a ter mais controle sobre como sua mente funciona e pode acrescentar novas perspectivas a problemas e questões que surgem na vida.

As leis do pensamento

Quando nos colocamos acima dos roteiros fixos, a categoria seguinte de pensamento é o analítico. Tendemos a valorizar o pensamento analítico por ser objetivo, isento das distorções dos sentimentos humanos, e portanto propenso à exatidão. Mas ainda que muitos valorizem o pensamento analítico por seu distanciamento das emoções, pode-se também criticá-lo por não ser inspirado pelas emoções, como o pensamento flexível.

A ausência relativa de um componente emocional é uma das razões por que o pensamento analítico é mais simples que o pensamento flexível, e mais fácil de ser analisado. Nosso primeiro entendimento sobre sua natureza na era moderna se deu há mais de um século e meio, quando, em 1851, o reitor do Queen's College Cork, no sudoeste da Irlanda, proferiu seu discurso anual no início do ano letivo. No discurso, ele perguntava:

> Se existirem, com referência a nossas faculdades mentais, essas leis gerais são necessárias para constituir uma ciência? ... Eu respondo que isso é possível, e que [as leis da razão] constituem a verdadeira base da matemática. Falo aqui não só da matemática de números e quantidades, mas de uma matemática no sentido mais abrangente, e acredito, no sentido mais estrito, que é um raciocínio universal expresso em formas simbólicas.[10]

Três anos depois, esse reitor, o matemático George Boole, publicou uma análise mais elaborada num livro intitulado *Uma investigação sobre as leis do pensamento*.

A ideia de Boole foi reduzir o raciocínio lógico a um conjunto de regras comparáveis às da álgebra. Ele não conseguiu cumprir totalmente a promessa do título, mas criou uma forma de expressar pensamentos ou afirmações simples de modo a serem escritos como equações que podem ser combinadas e operadas, de maneira análoga à forma como a soma e a multiplicação nos permitem operar e formar equações envolvendo números.

O trabalho de Boole ganhou importância cem anos após sua morte, com a invenção dos computadores digitais, que nos primeiros tempos eram chamados de "máquinas pensantes". Os computadores de hoje são essencialmente um aperfeiçoamento em silício da álgebra de Boole, contendo circuitos chamados "portas", que podem processar bilhões de operações lógicas por segundo.

As previsões de Boole não ficaram confinadas à matemática. Nos anos 1830 ele se tornou um dos diretores de uma organização que defendia o estabelecimento de limites legais razoáveis para as horas de trabalho, e também foi um dos fundadores de um centro de reabilitação para mulheres indisciplinadas. Boole morreu no final do outono de 1864. Sua morte se deu depois de uma longa caminhada debaixo de uma chuva torrencial para fazer uma palestra, ensopado dos pés à cabeça, voltando para casa na chuva. Ao chegar, caiu de cama com febre alta. Sua mulher, seguindo os ditames da homeopatia, ficou despejando baldes e baldes de água gelada no marido. Boole morreu duas semanas depois, de pneumonia.[11]

Mais ou menos na mesma época em que Boole estava inventando a matemática do pensamento, seu companheiro inglês Charles Babbage tentava construir uma máquina com milhares de cilindros acoplados de maneira complexa em intrincadas engrenagens. Babbage trabalhou naquela "Máquina Analítica" durante décadas, começando no final dos anos 1830, mas nunca a completou, pela complexidade e pelo custo. Morreu em 1871, amargamente decepcionado.

Babbage imaginou uma máquina com quatro componentes principais. A *entrada*, feita via cartões perfurados, era o mecanismo para alimentar a máquina de dados e também instruí-la sobre como manipular esses dados – o que hoje chamamos de programa da máquina. *Armazenamento* era como Babbage chamava a memória da máquina, semelhante ao disco rígido do computador. O *moinho* era a parte da máquina que processava os dados de acordo com as instruções inseridas – em outras palavras, a unidade central de processamento. O moinho tinha também uma pequena memória, suficiente apenas para manter os dados trabalhados no momento – o que nós chamaríamos de memória de acesso aleatório, ou RAM. Finalmente, havia a *saída*, um aparato para imprimir as respostas.

Em resumo, a máquina de Babbage incorporava quase todos os princípios fundamentais dos modernos computadores digitais e, num nível superficial, apresentava uma nova estrutura para entender como nossa mente funciona. Pois nosso cérebro também tem um módulo de alimentação de dados (nossos sentidos), uma unidade de processamento para operar o "pensamento" sobre os dados (o córtex cerebral), uma memória funcional de curto prazo, em que mantemos os pensamentos ou palavras que estamos considerando no momento, e uma memória de longo prazo para o conhecimento ou os procedimentos de rotina.

Uma amiga de Babbage, a matemática Ada Lovelace – filha de Lord Byron e sua mulher, Anne Isabella Noel –, escreveu que a Máquina Analítica "tece padrões algébricos assim como um tear de Jacquard tece flores e folhas".[12] Foi uma comparação vívida, embora ela estivesse exagerando, pois Babbage não tinha construído sua máquina. De qualquer forma, lady Lovelace apreciou a tentativa, talvez até mais que o próprio Babbage. Pois enquanto ele sonhava com sua máquina jogando xadrez, Ada Lovelace a via como uma inteligência mecanizada, um dispositivo que poderia um dia "compor elaboradas e científicas peças de música em qualquer grau de complexidade ou extensão".[13]

Ninguém naquela época via muita diferença entre jogar uma partida de xadrez do começo ao fim e compor uma sinfonia original a partir de uma página em branco. Mas do ponto de vista atual há um enorme abismo. No primeiro caso, isso pode ser obtido por meio da aplicação linear de regras e da lógica, as leis do pensamento de Boole. O segundo exige mais – isto é, a capacidade de gerar ideias novas e originais. O primeiro pode ser reduzido a algoritmos, enquanto o segundo (como veremos) fracassa quando tentamos reduzi-lo a algoritmos. Computadores tradicionais podem jogar xadrez melhor que qualquer pessoa, mas não sabem compor muito bem. Nessa lacuna está a chave que diferencia o pensamento analítico do maior poder do pensamento flexível. Isso mesmo: a abordagem analítica que temos venerado na sociedade ocidental desde a Idade da Razão é um deus de baixo nível, pois o Zeus do pensamento humano é o pensamento flexível. Afinal, o pensamento lógico pode determinar como dirigir desde a sua casa até o mercado de forma mais eficiente, mas foi o pensamento flexível que nos deu o automóvel.

O cérebro flexível não algorítmico

Nos anos 1950, muitos dos pioneiros da ciência da informação acreditavam que, se os maiores especialistas se reunissem para um encontro, eles criariam um computador cuja inteligência "artificial" poderia se comparar ao pensamento humano. Sem fazer uma diferenciação entre os pensamentos analítico e flexível, eles viam o nosso cérebro, assim como lady Lovelace, como uma versão biológica de seus novos instrumentos. Eles conseguiram financiamento para essa conferência, o Projeto de Pesquisa de Verão de Dartmouth sobre Inteligência Artificial de 1956, mas não cumpriram o prometido.

O mais famoso e influente programa daquela época era chamado Solucionador Geral de Problemas, que soa como algo que você veria anunciado num programa de TV tarde da noite, entre comerciais de um liquidificador nove em um, um abridor de latas que também cozinha macarrão e facas dobráveis como lixas de unha. O nome Solucionador Geral de Problemas parecia grandioso, mas foi fruto mais da ingenuidade sobre o potencial do programa que da arrogância.

Por que não um "solucionador geral de problemas"? Computadores são manipuladores de símbolos. Esses símbolos são usados para representar fatos sobre o mundo. Também representam regras que descrevem as relações entre esses fatos. E representam as regras que determinam como todos os símbolos podem ser manipulados. Dessa forma, raciocinaram os pioneiros, os computadores poderiam ser programados para pensar. A tecnologia dos computadores tinha mudado desde Boole e Babbage, mas não o conceito.

Nessa visão ingênua, se Jane ama tortas de pêssego e Bob faz uma torta de pêssego, o computador poderia calcular o amor de Jane pelo que Bob preparou – e talvez até o amor de Jane por Bob – com a mesma facilidade com que calcula a raiz quadrada de dois. Mas as limitações dessa abordagem logo se tornaram aparentes. O Solucionador Geral de Problemas não era absolutamente um gênio universal. Apesar de resolver enigmas específicos e bem-definidos, como a famosa "Torre de Hanói", em que se tenta reconfigurar pilhas de discos que deslizam em bastões verticais, o programa engasgava na ambiguidade inerente de problemas do mundo real.

O processamento de todas as novidades e mudanças nas circunstâncias do mundo real teria exigido uma profunda compreensão da complexidade do mundo, bem como um pensamento flexível. Mas aqueles primeiros computadores estavam empacados em algum nível entre os roteiros simples do ameboide e um raciocínio analítico muito básico.

As tentativas de criar um computador que consiga executar o pensamento flexível não progrediram muito desde então. Hoje vivemos numa época que teria deixado Boole e Babbage perplexos, assim como aqueles pioneiros originais. Construímos bilhões de máquinas microscópicas semelhantes à de Babbage em minúsculos chips de silício e realizamos incontáveis cálculos como os de Boole de forma corriqueira. Mas, assim como a cura total do câncer e a energia limpa a partir da fusão nuclear – que sempre parecem estar ali, depois da próxima curva –, computadores que possam fazer o que o Solucionador Geral de Problemas prometia ainda não se materializaram.

Nas palavras de Andrew Moore, que deixou o cargo de vice-presidente do Google para dirigir a famosa escola de ciência da computação de Carnegie Mellon, mesmo os mais sofisticados computadores atuais são apenas "o equivalente a calculadoras muito inteligentes, que solucionam problemas específicos".[14] Um computador, por exemplo, pode resolver complexas questões de física e calcular o que acontece quando buracos negros colidem, mas só depois de um ser humano "estabelecer" o problema derivando as equações para aquele processo específico a partir da teoria mais geral; e nenhum computador consegue criar teorias por si só.

Ou vamos considerar o sonho de lady Lovelace: a composição musical. Nós temos computadores que compõem complexas peças musicais, que são até agradáveis de ouvir. Há peças clássicas no estilo de Mozart ou Stravinsky e temas de jazz que parecem ter sido criados por Charlie Parker.[15] Existe até mesmo um aplicativo chamado *Bloom*, disponível no iTunes, capaz de criar sob demanda uma composição nova e exclusiva no estilo de Brian Eno, a partir de passagens instrumentais. Eno especulou que, com o advento da tecnologia para esse tipo de "música generativa", nossos netos um dia "vão nos olhar com surpresa e falar: 'Quer dizer que vocês ouviam exatamente a mesma coisa vezes e vezes de novo?'".[16]

Essas músicas de computador são envolventes e têm seu lugar, mas elas devem ser diferenciadas de novas criações musicais. Os compositores de computador usam listas compiladas a partir de "assinaturas" de seres humanos – temas melódicos, harmônicos e ornamentais criados por compositores humanos – e aplicam regras gerais para variarem e se entrelaçarem. Trata-se apenas de um embaralhamento de velhas metáforas, sem acréscimo de novas ideias. Fosse um ser humano a aparecer compondo música que imitasse Mozart ou Brian Eno, ou pintando quadros que imitassem Rembrandt, nós não louvaríamos sua arte – nós o consideraríamos um imitador, não um compositor original.

O problema de produzir pensamento flexível em computadores é que, apesar de os computadores evoluírem para fazer cálculos cada vez mais depressa, isso não se traduziu em um processamento cada vez mais *flexível*. E assim, em todas essas décadas desde aqueles tempos impetuosos, tarefas ou procedimentos que seguem regras explícitas e facilmente codificadas têm se mostrado fantasticamente amenos para a automação, o que não acontece com tarefas que envolvem o pensamento flexível em geral.

Considere o seguinte parágrafo:

> De aorcdo com uma pqsieusa da Uinrvesriddae de Cmabrigde, não ipomtra em qaul odrem as lrteas de uma plravaa etãso, a úncia csioa iprotmatne é que a piremria e a útmlia lrteas etejasm no lgaur crteo. O rseto pdoe ser uma ttaol bçguana que vcoê pdoe anida ler sem pobrlmea. Itso é poqrue nós não lmeos cdaa lrtea isladoa, mas a plravaa cmoo um tdoo.[17]

Muitos programas de computador conseguem ler textos em voz alta, mas engasgam diante de sérios desvios da ortografia-padrão. Nós seres humanos, em comparação, temos pouca dificuldade.

A surpreendente facilidade com que lemos o parágrafo atesta a maleabilidade do nosso pensamento. O cérebro percebe, mesmo sem ter uma dica, que alguma coisa não está certa. Logo depois entende o que está acontecendo, concentra-se na primeira e na última letras certas de cada palavra e decifra facilmente as letras no meio. Auxiliado pelo contexto, o cérebro decodifica o significado apenas com uma redução do ritmo. Um computador que lê textos tentaria combinar cada fileira de letras de uma palavra no dicionário, e talvez considerasse alguns erros de digitação ou de ortografia, mas não chegaria a parte alguma – a não ser que fosse antes programado com um roteiro elaborado para essa tarefa específica.

Tarefas que exigem pensamento flexível podem se mostrar tremendamente difíceis para um computador moderno, embora sejam triviais para os seres humanos. Vamos considerar o reconhecimento de padrões.[18] David Autor, economista do Instituto de Tecnologia de Massachusetts (MIT), fala sobre o desafio de identificar visualmente uma cadeira. Qualquer aluno do curso básico pode fazer isso, mas como você programaria um computador para tanto? Poderia tentar especificar características-chave definidoras, como uma superfície horizontal, um encosto e as pernas. Infelizmente, esse conjunto de características abrange muitos objetos que não são cadeiras, como um fogão com pernas com um tampo para ser aberto. Por outro lado, há cadeiras sem pernas, que não se classificariam nessa definição.

Uma cadeira é difícil de ser definida via uma descrição racional baseada em regras porque a definição deve abranger não somente cadeiras típicas, mas uma grande variedade de versões. Então, como um aluno do curso básico faz essa identificação? O pensamento flexível do cérebro é não algorítmico, e com isso quero dizer que chegamos às nossas ideias e soluções sem uma definição clara dos passos necessários para chegar lá. (Digo isso sem levar em conta se o cérebro pode ou não ser simulado por uma Máquina de Turing, como alguns acreditam.) Assim, em vez de depender de uma definição bem-pensada, resumida e formulada de uma cadeira, as redes neurais na nossa mente inconsciente, por conta de anos vendo exemplos, de alguma forma aprendem a avaliar características complexas de objetos de uma forma da qual não estamos conscientes.

Alguns cientistas da computação do Google, inteligentes e visionários, não estão tentando aperfeiçoar computadores comuns encontrando um modo de imitar as redes neurais do nosso cérebro. Eles construíram uma máquina que aprendeu, sem supervisão humana, a reconhecer o padrão visual do que chamamos de gato.[19] A façanha exigiu mil computadores em rede. Por outro lado, uma criança de três anos consegue fazer isso comendo uma banana e sujando a parede com pasta de amendoim.

Isso nos leva a algumas diferenças-chave entre a arquitetura do cérebro e a dos computadores digitais, o que por sua vez nos diz algo importante sobre nós mesmos. Em comparação com o nosso cérebro, os computadores são feitos de interruptores interligados que podem ser entendidos na forma de circuitos de diagramas lógicos, executando suas análises seguindo uma série de passos bem-definidos (um programa ou algoritmo) de maneira linear e bem especificada por um programador para a tarefa em questão. Os cientistas do Google que ligaram mil computadores numa rede neural realizaram uma façanha impressionante, uma abordagem promissora. Mas nosso cérebro faz coisas muitíssimo mais impressionantes, formando redes de *bilhões* de células, cada uma conectada a milhares de outras. E essas redes são organizadas em estruturas maiores, que por sua vez são organizadas em estruturas maiores, e assim por diante, num complexo esquema hierárquico que os cientistas estão apenas começando a compreender.

Como já mencionei, os cérebros biológicos podem processar informações de cima para baixo, como faz um computador tradicional, ou de baixo para cima, o que é importante no pensamento flexível, ou numa combinação dos dois modos. Como veremos no Capítulo 4, o processamento de baixo para cima tem origem na complexa e relativamente "não supervisada" interação de milhões de neurônios e pode produzir insights superoriginais. Em comparação, o processamento de cima para baixo é administrado pelas regiões executivas do cérebro e produz o passo a passo do pensamento analítico.

Nosso cérebro executivo é bom para espremer ideias *non sequitur*. Mas se estivermos seguindo um caminho errado na resolução de um problema, o *non sequitur* – passos que não se seguem – é exatamente aquilo de que precisamos. Sanford Perliss, renomado advogado de defesa, nos conta um caso que ouviu na faculdade de direito. O réu estava sendo julgado pelo assassinato da esposa. As provas circunstanciais eram fortes, mas a polícia nunca encontrou o cadáver. Quando escreveu seu argumento de encerramento, o advogado de defesa tentou primeiro a abordagem usual, resumindo as provas numa tentativa de convencer o júri de que havia uma dúvida razoável. Mas a lógica não estava funcionando: o advogado teve medo de não conseguir convencer ninguém. Foi então que teve uma ideia "vinda do lado esquerdo".[20]

Quando afinal se postou diante do júri para apresentar seu argumento, o advogado fez um pronunciamento dramático: a suposta vítima havia sido localizada. Ela estava ali, no tribunal. Pediu aos jurados que olhassem para o fundo da sala. Em instantes, anunciou, ela entraria pela porta, provando a inocência de seu cliente. Os jurados se viraram, ansiosos. Segundos se passaram, mas ninguém entrou. O advogado anunciou então com grande bravata que, infelizmente, a mulher *não* tinha sido localizada – mas se os jurados se viraram para olhar, era por haver uma dúvida razoável em seus corações, e por isso deveriam decidir pela inocência. Foi um exemplo brilhante na cabeça de um advogado, abandonando a abordagem habitual passo a passo e tomando uma nova direção. Infelizmente para o réu, naquela pressa o advogado não avisou seu cliente antes. Em consequência, como *não* tinha dúvida de que a esposa estava morta, o réu não se virou para olhar para o fundo da sala. O promotor apontou esse fato em sua réplica, e o réu foi condenado.

Ninguém resolve enigmas com uma abordagem linear passo a passo. Não foi assim que J.K. Rowling criou o mundo de Harry Potter, nem foi assim que Chester Carlson teve a ideia da máquina de xerox. É o nosso pensamento de baixo para cima e não supervisado que nos proporciona os inesperados insights e novas maneiras de observar as situações que esses tipos de realização produzem.

Voltaremos às diferenças entre os processamentos de baixo para cima e de cima para baixo e entre computadores e cérebros no Capítulo 4. Também vamos examinar mais de perto o papel dessas diferenças na produção do pensamento flexível que o cérebro humano consegue realizar, mas não os computadores. Antes, porém, no próximo capítulo, vamos perguntar por que o cérebro se dá ao trabalho de pensar. Computadores fazem seus cálculos porque alguém os liga e clica o mouse em algum lugar. Mas o que liga o nosso cérebro?

3. Por que pensamos

Desejo e obsessão

Pat Darcy* tinha 41 anos em 1994, quando começou a sentir uma estranha dor no braço direito.[1] Pouco depois desenvolveu um pequeno tremor, e ficou claro que não se tratava de uma mera dor muscular crônica. Ela foi diagnosticada como portadora do mal de Parkinson. O mal de Parkinson resulta de neurônios morrendo numa parte do cérebro que controla os movimentos do nosso corpo. Ninguém sabe por que os neurônios morrem, embora os neurônios mortos mostrem um acúmulo de certa proteína. Exposição a pesticidas aumenta o risco da doença e, ironicamente, fumar diminui esse risco.

Os pacientes de Parkinson acham que conseguem exercer a vontade de mexer um braço ou uma perna, mas o corpo não responde como o desejado. A fala pode se tornar arrastada, o equilíbrio fica instável e os membros parecem rígidos e doloridos ou dormentes – e podem começar a tremer. Não conhecemos nenhuma forma de reviver os neurônios mortos nem de fazer o corpo desenvolver novos neurônios.

As células que morrem são "neurônios de dopamina" – fábricas de células nervosas que produzem dopamina e as usam como neurotransmissores para enviar sinais a outras células nervosas. Estão situadas no tronco cerebral, no alto da coluna espinhal, numa parte do deutocérebro primitivo chamada substância negra, envolvida na seleção de ações físicas, como o início

* Este não é o nome verdadeiro.

de um movimento exercido como resposta a uma situação. Em latim, o termo parece intimidante, *substantia nigra*, mas seu significado é mundano, designando mais ou menos tudo o que sabemos sobre ela – que ganhou esse nome em 1791 e continua a ser chamada assim 150 anos depois. Sua cor escura resulta da abundância de melanina nos próprios neurônios de dopamina que o mal de Parkinson afeta. Quando Pat Darcy sentiu os sintomas de sua doença, a maioria desses neurônios provavelmente já havia perecido.

Os neurônios de dopamina são encontrados em um número relativamente pequeno de áreas do cérebro, mas são abundantes na substância negra. Para aliviar os sintomas do mal de Parkinson, o neurologista receitou um agonista da dopamina, uma droga que simula um aumento dos níveis de dopamina no cérebro. Como pouco sabemos sobre a doença, isso é mais ou menos tudo que a medicina moderna pode fazer – tentar compensar a ação dos neurônios mortos ajudando os sobreviventes a se tornarem mais eficientes na transmissão de seus sinais. O estado de Darcy melhorou.

Durante alguns anos a vida dela ficou melhor. Algum tempo depois, ela começou a mudar seu estilo de vida. Sempre gostara de pintar, mas passou a pintar compulsivamente. "Transformei minha casa num estúdio, com telas e cavaletes por toda parte", contou. Tornou-se obsessiva, pintando da manhã à noite, muitas vezes a noite toda, usando incontáveis pincéis, esponjas e até facas e garfos. Não pintava mais por prazer, pois agora sentia uma irresistível *necessidade* de pintar, como um viciado fissurado por uma droga. "Comecei a pintar as paredes, os móveis, até a máquina de lavar", disse. "Pintava qualquer superfície que encontrasse. Também tinha minha 'parede de expressão', e não conseguia parar de pintar e repintar essa parede todas as noites, como num transe."

Certa vez conheci uma viciada em drogas. Parecia malnutrida e precocemente envelhecida, com os olhos fundos e uma expressão demonstrando que faria qualquer coisa por uma dose. Aquela Pat Darcy que pintava lírios na cozinha parece uma versão amena em comparação a isso, mas a tragédia de qualquer vício é que ele toma conta da sua vida e pode arruiná-la. "Minha criatividade incontrolável se transformou em algo destrutivo", explicou Darcy.

Kurt Vonnegut escreveu que nós, seres humanos, "temos de estar sempre pulando de penhascos e desenvolvendo asas durante a queda".[2] Gostamos de estabelecer desafios para nós mesmos, só para depois inventar maneiras de superá-los. As sensibilidades de Darcy a levaram ao desafio de criar, mas sua terapia de dopamina transformou aquele desejo natural em ânsia irresistível.

Como? Como já foi mencionado, a dopamina da substância negra está envolvida no início dos movimentos (motivo pelo qual sua falta afeta a mobilidade das pessoas com mal de Parkinson). Mas, além disso, a dopamina também tem papel importante na comunicação entre um grupo de estruturas diferentes, que trabalham em conjunto, de forma complexa, para constituir o que se denomina sistema de recompensa do cérebro.

Infelizmente para os pacientes de Parkinson, nós ainda não dispomos de tecnologia para aplicar a terapia de dopamina de forma precisa, de modo a afetar apenas estruturas específicas. Como resultado, a droga de Darcy não só turbinou sua substância negra pouco funcional – ela sobrecarregou todas as áreas dependentes de dopamina, inclusive o sistema de recompensa. E foi isso que lhe causou a obsessão.

Nosso sistema de recompensa foi a maneira que a evolução arranjou para nos estimular a fazer o que for preciso para nos mantermos alimentados e hidratados, e gerar proles. É responsável por nossos sentimentos de desejo e prazer e, por fim, pela saciedade. Sem esse sistema de recompensa, não sentiríamos prazer nenhum com um delicioso pedaço de chocolate, com um gole de água ou um orgasmo. Mas isso também nos estimula a *pensar* e a agir baseados nesses pensamentos na busca de nossos objetivos.

Quando meu filho Alexei estava no segundo ano do ensino médio, eu disse que, se ele estudasse meia hora a mais por dia, poderia tirar notas A em vez de B. Ele perguntou "E por que eu ia querer fazer isso?", olhando para mim como se finalmente entendesse por que eu precisava fazer terapia. Naquela época, a cabeça de Alexei me lembrava o cortador de grama que tínhamos quando eu era garoto. Se a gente puxasse o cordão de partida com força suficiente, a máquina entrava em ação e podava um pouco da grama, mas o motor logo morria. Eu podia puxar o cordão de Alexei quantas vezes quisesse, mas sem a motivação e o entusiasmo que vêm de dentro, o cérebro de Alexei se recusava a pensar.

Fazer um computador processar informações é fácil. É só ligar o aparelho. Mas o botão que "liga" o cérebro humano é interno. É o sistema de recompensa que fornece a motivação para iniciar ou continuar uma sequência de pensamentos, e o que dirige seu processamento de informação para questões de trabalho escolar ou fazer compras, ler o jornal ou resolver um quebra-cabeça. Orienta o cérebro na escolha dos problemas em que pensar e ajuda a definir o ponto-final que o raciocínio tenta alcançar. Como afirma um neurocientista: "O maior prazer da minha vida é ter uma ideia que seja boa. No momento em que ela surge na minha cabeça, isso é tão profundamente satisfatório e gratificante. ... Provavelmente meu [sistema de recompensa] pira quando isso acontece."[3]

O sistema de recompensa de Darcy a inspirou a se engajar nos processos de pensamento flexível envolvidos em seu trabalho artístico e criativo. Mas esse aumento causado pela terapia com dopamina acelerou demais seu interesse pela criação artística, privando-a da capacidade de interromper esse envolvimento.

Pelos efeitos sobre o comportamento dela, os médicos de Darcy acabaram reduzindo os medicamentos. Infelizmente, os sintomas do mal de Parkinson se agravaram, por isso ela teve de passar por uma cirurgia – em que se faz um pequeno orifício no couro cabeludo do paciente, por onde é inserida uma minúscula sonda. Injeta-se nitrogênio líquido pela sonda para destruir partes específicas do cérebro. A ajuda que isso traz parece contraditória, pois a doença é causada pela morte de células produtoras de dopamina. Mas a cirurgia não se concentra diretamente na causa da doença; ela trata apenas dos sintomas, destruindo tecidos cuja atividade normalmente é *suprimida* pela dopamina e que se tornaram hiperativos. No caso de Darcy, os sintomas ficaram sob controle; com a redução dos medicamentos, o ímpeto artístico dela sossegou e ficou mais estruturado. "A atividade tornou-se de novo um prazer que não incomoda ninguém", declarou ela.

Quando o pensamento não é recompensado

Se o seu sistema de recompensa o motiva a pensar, o que seria da pessoa incapaz de vivenciar o prazer proporcionado por ele? Nós temos um quadro dessa questão graças a um sujeito infeliz, que na literatura neurocientífica é chamado de Paciente EVR.[4]

Criado numa fazenda, EVR foi um excelente estudante, que se casou logo após concluir o ensino médio e aos 29 anos já havia chegado à posição de gerente contábil de uma renomada empresa de construção. Tempos depois, aos 35 anos, descobriu-se que ele tinha um tumor benigno, removido cirurgicamente.

Apesar da cirurgia, os médicos acreditavam que EVR não sofreria nenhuma "grande disfunção". Demorou somente três meses para ele se recuperar, mas logo se tornou claro que seu pensamento tinha um grande defeito.

EVR não conseguia tomar nenhuma decisão em seu ambiente cotidiano. No trabalho, por exemplo, se tivesse de cumprir a tarefa de classificar documentos, ele passava o dia inteiro discutindo consigo mesmo os prós e contras de um esquema baseado nas datas versus outro baseado no tamanho ou na relevância dos documentos. Quando ia às compras, passava um tempo excessivo escolhendo entre diferentes marcas, considerando minuciosamente cada detalhe dos artigos. "Resolver onde ir jantar podia levar horas", escreveu um de seus médicos. "Ele discutia a disposição das mesas de cada restaurante, as particularidades do cardápio, da atmosfera e da administração. Ia aos restaurantes para ver quanto estavam movimentados, mas nem assim conseguia decidir sobre qual escolher."

Os médicos de EVR aplicaram uma bateria de testes, mas nenhum mostrava nada de errado. Ele tinha um QI na casa dos 120. Quando passou por um teste-padrão de personalidade chamado Inventário de Personalidade Multifásico de Minnesota, EVR parecia ser normal. Outro teste, a Entrevista-Padrão de Julgamento de Questões Morais, mostrou que tinha uma saudável compreensão de ética e não parecia ter problemas na assimilação das nuances de situações sociais. Respondeu com embasamento sobre política internacional, economia e finanças. Então, o que havia de errado com ele? Por que não conseguia tomar uma decisão?

Os médicos de EVR acreditavam que ele não tinha nenhum déficit físico. Seus "problemas não são resultado de problemas orgânicos ou disfunção neurológica", disseram. Aquele era o tipo de reação indiferente ou defensiva que se esperaria se tivessem retirado uma verruga da ponta do seu nariz e agora ele os culpasse pelas dores de cabeça causadas por sinusite. É verdade que estávamos nos anos 1980, e que, comparado à nossa compreensão e à tecnologia dos exames de cérebro atuais, tudo aquilo se assemelhava a algo saído de *Os Flintstones*. Mesmo assim, quando se remove alguma coisa do cérebro de um paciente e ele passa a sofrer problemas de comportamento, a tendência é desconfiar do cirurgião.

Os médicos de EVR insistiram em que o problema era seu "estilo de personalidade compulsivo", que seus problemas depois da cirurgia refletiam nada mais que "problemas de adaptação, e portanto eram tratáveis com psicoterapia". Como não obteve ajuda, EVR acabou desistindo dos médicos.

Em retrospecto, o problema de diagnosticar EVR era que todos os exames se concentraram em sua capacidade de pensamento analítico. Estes não revelavam nada porque seus conhecimentos e o raciocínio lógico continuavam intactos. O déficit teria sido mais aparente se fosse aplicado um teste de pensamento elástico – ou se o vissem comendo um biscoito, chutassem a canela dele ou sondassem suas emoções de alguma maneira. Pois quando os pesquisadores realizaram experimentos controlados com EVR, eles descobriram que decididamente ele *não* estava normal.

EVR tinha pouca capacidade de sentimentos. Provavelmente muita gente vai dizer que poderia afirmar o mesmo a respeito do próprio cônjuge. Mas não estar em contato com os próprios sentimentos é diferente de não ter sentimento nenhum. Esse dar de ombros que você tem como resposta para a pergunta "Como está se sentindo?" pode não dizer muito, mas os gritos diante da TV numa partida de futebol dizem muito – o homem é capaz de sentir alguma coisa.

Hoje sabemos o suficiente sobre o cérebro para relacionar o dano físico resultante da cirurgia de EVR com suas deficiências mentais. O importante para nós, aqui, é que entre os tecidos removidos pelos médicos estava a maior parte de uma estrutura do lóbulo frontal chamada córtex orbitofrontal, parte do sistema de recompensa do cérebro. Sem isso, EVR não conseguia desfrutar um prazer consciente.[5] Isso o deixou sem motivação para fazer escolhas ou formular e atingir objetivos. E explica por que decisões como as de onde jantar o colocavam num dilema: nós tomamos essas decisões baseados em nossos objetivos, como curtir a comida e a atmosfera, mas EVR não tinha objetivos.

Considere o contraste entre a capacidade de EVR de completar os testes de intelecto e conhecimentos administrados pelos seus médicos e sua incapacidade de tomar decisões na vida real. Os médicos testaram seu conhecimento e compreensão de tópicos como normas sociais, economia e finanças. Nesses testes, o critério das decisões era determinado externamente: pedia-se que ele escolhesse as respostas *corretas*. Isso requer o pensamento analítico, não o flexível. As situações da vida real que EVR enfrentava eram em aberto, sem respostas corretas, só com respostas preferidas. A diferença é como entre responder à pergunta "Onde fica Paris?" e "Onde você gostaria de passar suas férias?". Responder à segunda pergunta exige que você *formule* e *invente* o critério que determinará a escolha. Isso é pensamento flexível.

A evolução nos dotou de emoções como prazer e medo para conseguirmos avaliar as implicações positivas e negativas de eventos e circunstâncias. Desprovido de qualquer recompensa emocional para motivar suas escolhas, a tomada de decisões cotidianas de EVR foi paralisada. Mais ainda, sem nenhum valor de recompensa relacionado a nem sequer concluir o processo de chegar a uma decisão, EVR não tinha motivação para parar de analisar os prós e contras de suas várias opções. Por isso, apesar de conseguir selecionar a resposta correta num exame factual, EVR empacava num círculo sem fim quando confrontado por uma escolha da vida real. Infelizmente, EVR foi incapaz de manter uma vida profissional produtiva e acabou sendo demitido. Pouco depois se envolveu em alguns maus negócios e foi à falência. A esposa divorciou-se e ele voltou a morar com os pais.

Nós somos capazes de confrontar o novo e a mudança porque, quando diante de um obstáculo desconhecido para alcançar nossos objetivos, nosso sistema de recompensa baseado na emoção nos orienta em direção ao pensamento flexível, estimulando-nos a gerar ideias alternativas e a inventar uma forma de escolher entre elas. Quando esse sistema não funciona, não conseguimos fazer escolhas. A lição de EVR é de que as emoções, principalmente as do prazer, não apenas tornam nossas vidas mais ricas – elas são um ingrediente de nossa capacidade de enfrentar os desafios do nosso ambiente. Talvez a fugidia chave do sucesso em inteligência artificial seja aprender a construir um computador que solucione problemas por *gostar* de solucioná-los.

Sobrecarga de opções

A história de EVR serve como advertência para todos nós. Pois mesmo se não tivermos o problema orgânico vivenciado por ele na tomada de decisões, ainda assim podemos nos esgotar com as repetidas exigências feitas ao nosso pensamento flexível enquanto tomamos decisões no ambiente atual, pleno de escolhas, todas baseadas na emoção. As pesquisas sugerem que, quando diante de escolhas ou decisões demais, vivenciamos uma "sobrecarga de opções", semelhante à "sobrecarga de informações", tão famosa na era atual.[6] Ambos os tipos de sobrecarga estimulam as partes primitivas do nosso cérebro, que responde ao medo em situações de vida ou morte, esgotando nossos recursos mentais, causando estresse e minando nosso autocontrole.

William James expressou o perigo de opções em excesso há mais de cem anos, ao escrever: "Não existe um ser humano mais infeliz que alguém ... para quem acender cada charuto, tomar cada copo, a hora de se levantar ou ir dormir todos os dias e o começo de cada pequeno trabalho estejam sujeitos à expressão de uma deliberação volitiva."[7] Infelizmente, na nossa sociedade, estamos diante de uma torrente de escolhas sem precedentes. Como documentou o psicólogo Barry Schwartz, do Swarthmore College, até uma ida ao mercado pode ser opressiva.[8] Por exemplo, nos mercados de tamanho médio do local onde mora, ele diz ter encontrado 85 variedades e marcas de salgadinhos, 285 variedades de biscoitos, 61 loções bronzeadoras, 150 marcas de batons, 175 molhos para salada e vinte diferentes tipos de biscoito da marca Goldfish. Sim, em apenas alguns milhares de anos nós evoluímos de pessoas que ficavam felizes de comer um castor malcozido para indivíduos obcecados com seus biscoitos de queijo cheddar ou parmesão cremoso.

Felizmente, existe um remédio para a sobrecarga de opções. Pode-se fazer uso de uma estratégia de escolha em que aceitamos a primeira opção satisfatória, em vez de continuar procurando outra, superior. Os psicólogos chamam os que fazem a primeira escolha de "satisfatentes", ao contrário dos "maximizadores", que tentam sempre escolher o melhor. O primeiro termo vem de uma combinação das palavras *satisfeito* e *contente*, e foi cunhado pelo economista e ganhador do Prêmio Nobel Herbert Simon, em 1956, para explicar o comportamento de tomadores de decisões que não dispõem de informação ou poderes computacionais suficientes para fazer a melhor escolha. Em vez de lutar para remediar as limitações, eles resolvem economizar tempo e trabalho tomando a decisão a despeito de tudo isso. Mas trata-se de um conceito tão forte na psicologia quanto em economia.

Quando está escolhendo um vídeo, um programa de televisão ou um filme, você vai a diversos lugares, examina muitas opções ou decide logo ao que vai assistir? Quando está comprando roupas, você fica procurando a vida toda, com dificuldade para encontrar o traje de que realmente gosta? Quando está em busca de utilitários domésticos, você consulta catálogos, acessa as resenhas da Amazon.com e diversos outros sites para reunir uma montanha de informações antes de fazer a compra? Se for esse o seu caso, os psicólogos diriam que você tende a maximizar.

Todos nós queremos fazer boas escolhas, mas as pesquisas mostram que análises exaustivas, paradoxalmente, não resultam em mais satisfação. Ao contrário, tendem a nos levar ao arrependimento e a buscar uma segunda escolha. Descartar a ideia de que uma escolha deve ser otimizada, por outro lado, preserva a energia mental e faz você se sentir melhor se descobrir depois que havia outra escolha. O que funciona na escolha de um par de sapatos, de um carro novo ou de um plano de férias pode não funcionar na escolha de um médico ou de um parceiro ou parceira de quem se espera um relacionamento para toda a vida. Mas, para a maior parte das situações, quem aceita opções razoavelmente boas, em vez de se sentir compelido a encontrar a melhor opção, tende a se sentir mais satisfeito com suas escolhas e, de forma geral, são indivíduos mais felizes e menos estressados.

Como acontecem as boas sensações

Quem descobriu que temos um centro de recompensa no cérebro foi Peter Milner, quando fazia pós-doutorado na Universidade McGill e estudava a regulação do sono. O sistema de recompensa e a regulação do sono parecem coisas independentes – e são. Mas é frequente as pesquisas desembocarem em direções inesperadas, sobretudo no início da carreira. É como se você tivesse se candidatado a caixa no Walmart e acabasse trabalhando numa petshop dando banho em cães. Foi o que aconteceu com Milner.

É difícil imaginar agora, mas houve um tempo em que a teoria dominante afirmava que nossas ações podiam ser explicadas apenas como uma forma de evitar a punição. Essa era a situação em 1954, quando Milner estava implantando eletrodos no cérebro de ratos, analisando uma estrutura perto do local onde a base do cérebro se afila para formar o tronco cerebral. Os eletrodos eram ligados por fios longos e flexíveis a um estimulador elétrico, ativando a região cerebral onde se encontravam.

Um dia, o orientador de Milner, um renomado psicólogo chamado Donald Hebb, admitiu um novo pós-doutorando chamado James Olds.[9] Olds ainda era jovem e inexperiente, por isso Hebb pediu que Milner o orientasse nos procedimentos. Logo o novo pós-doutorando também inseria eletrodos. O experimento envolvia colocar o roedor numa caixa grande, com os cantos rotulados A, B, C e D. Sempre que o animal ia ao canto A, o protocolo pedia que Olds apertasse um botão que daria um pequeno choque no cérebro do rato.

Olds ficou surpreso ao observar que, depois de alguns choques do eletrodo, o rato passava a voltar ao canto A. Também notou que, se começasse a estimular o cérebro do rato quando ele estava no canto B, o animal preferia ir para o canto B.

O objetivo do estudo era estimular uma parte do cérebro envolvida no sono versus vigília, mas parecia ter criado um rato robô. Aquilo não parecia um avanço que pusesse o busto de alguém num selo postal, mas Olds e Milner ficaram curiosos. Milner tentou replicar o experimento com outros ratos, mas não conseguiu.

O que estava acontecendo? Os pesquisadores levaram o rato a um laboratório próximo, equipado com um aparelho de raios X, e convenceram o operador a tirar uma radiografia da cabeça do rato. Foi quando perceberam que Olds havia errado o alvo. Tinha inserido o eletrodo numa então obscura estrutura situada no fundo do cérebro, chamada *nucleus accumbens septi*, ou simplesmente núcleo accumbens.[10] Assim como a substância negra, trata-se de um termo grandiloquente com uma mensagem prosaica; significa "núcleo adjacente ao septo".

Olds e Milner arranjaram outros ratos e começaram a inserir os eletrodos naquela região. Construíram também uma alavanca na caixa para que os ratos pudessem, eles mesmos, estimular os eletrodos. Foi aí que a coisa ficou realmente estranha. Assim que sentiam o estímulo elétrico no núcleo accumbens, os animais continuavam apertando a alavanca incessantemente, alguns com uma frequência de cem vezes por minuto.

Da mesma forma que Pat Darcy muitos anos depois, os ratos ficaram obcecados. Ratos machos passaram a ignorar fêmeas no cio, fêmeas abandonavam seus ratinhos recém-nascidos para continuar a apertar a alavanca. Em transe, os roedores interromperam quaisquer outras atividades, até as de comer e beber. Tiveram de ser desligados dos eletrodos para não morrer de fome ou de sede.

Hoje nós sabemos por quê. Em circunstâncias normais, a realização de um objetivo chega através do esforço que investimos ao longo do tempo. Em consequência, o sistema de recompensa evoluiu não somente para proporcionar prazer quando se atinge um objetivo, mas para continuar prevendo as consequências do que estamos fazendo e nos recompensar em todos os estágios.

Quando está com fome, você não se sente satisfeito só no final da lasanha, você curte cada bocado da refeição. Quando toma um vinho, curte cada gole. E quando pensa em alguma questão, se tiver a impressão de estar indo na direção certa, seu cérebro também proporciona um retorno positivo para estimulá-lo a seguir em frente – sutis sentimentos positivos de progresso, de confiança ou de iminente realização.

Quando um objetivo é alcançado, seu corpo gera um retorno para reduzir o valor da recompensa e prosseguir na atividade. O prazer que sentiu no começo esmaece, e não demora muito para você estar assistindo a reprises de episódios de *I Love Lucy*. Isso faz com que você interrompa a atividade, em vez de se envolver interminavelmente com ela. É o que acontece quando você come – quando seu corpo sente que já ingeriu comida suficiente, os bocados a mais resultam numa atividade cerebral reduzida. Respostas similares e respostas de saciedade ocorrem também com outros prazeres, como o sexo.

O núcleo accumbens que Olds sem querer estimulou é a estrutura do sistema de recompensa envolvida nesse processo, em particular em relação a necessidades básicas como obter alimento, água ou contato sexual.

O sinal para o núcleo accumbens entrar em ação parte de outra estrutura do sistema de recompensa, chamada área tegmental ventral (ATV). A interação entre essas duas estruturas pode ser complexa e envolve outras estruturas, como o córtex pré-frontal, mas, em termos simples, a saciedade ocorre quando o corpo, ao sentir que já teve o suficiente, se comunica com a ATV, que reduz ou cessa seu sinal para o núcleo accumbens. Quando estamos com sede e bebemos água, por exemplo, a ATV sinaliza ao núcleo accumbens que sentimos prazer, mas o sinal diminui a cada gole, e acabamos perdendo a motivação para continuar a beber.

Quando acionavam a alavanca, os ratos estavam estimulando *diretamente* seus núcleos accumbens, que assumiam o papel da ATV. Para os ratos, cada pressão na alavanca era como um gole

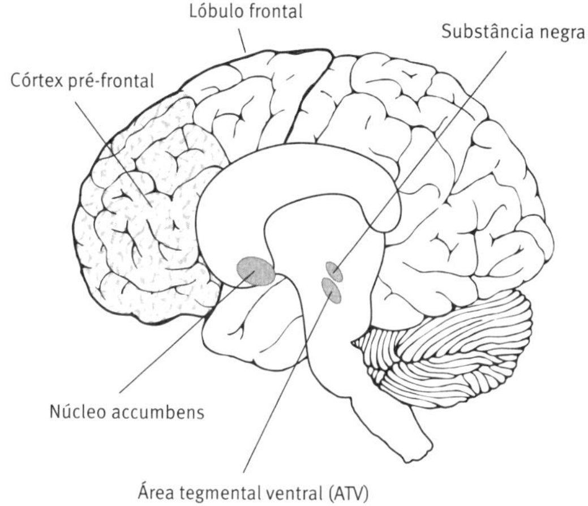

Substância negra, núcleo accumbens e
área tegmental ventral (ATV) em contexto.

de água num momento de sede, uma bocada de comida que sacia a fome, ou talvez até um orgasmo, que não diminuía com a repetição. Desejo e recompensa sem saciedade são como um automóvel sem freios com o pé na tábua. Com efeito, era o que acontecia com Pat Darcy quando ela inundava o cérebro com um agonista da dopamina.

O paciente EVR era insensível ao valor de recompensa de seus pensamentos e ações; Pat Darcy era uma escrava desses pensamentos e ações. Indivíduos saudáveis estão situados entre esses dois extremos. Quanto você é "dependente de recompensa"? Os psicólogos desenvolveram um questionário de treze afirmações para avaliar até que ponto a recompensa motiva a pessoa. Para fazer o teste, basta avaliar cada afirmação a seguir com números de 1 a 4, como está explicado.

1 = discordo totalmente
2 = discordo
3 = concordo
4 = concordo totalmente

Aqui vão as afirmações:

1. Quando consigo alguma coisa que desejo, eu me sinto entusiasmado e realizado. _____
2. Quando desejo alguma coisa, em geral faço algo para obtê-la. _____
3. Em geral faço coisas somente porque são divertidas. _____
4. Quando estou indo bem em alguma coisa, adoro continuar fazendo aquilo. _____
5. Eu me desvio do caminho para obter coisas que desejo. _____
6. Sou fissurado por coisas excitantes e novas sensações. _____
7. Quando me acontecem coisas boas, isso me afeta intensamente. _____
8. Se vir uma chance de conseguir algo que desejo, aproveito no mesmo momento. _____
9. Estou sempre tentando alguma coisa nova se achar que vai ser divertida. _____
10. Ficaria muito entusiasmado em ganhar um concurso. _____
11. Quando sigo atrás de alguma coisa, faço uma abordagem "sem limites". _____
12. Em geral, ajo segundo o impulso do momento. _____
13. Quando vejo a oportunidade de alguma coisa de que gosto, fico imediatamente entusiasmado. _____

Total: _____

O resultado médio dessa avaliação é 41, e a maioria das pessoas marca entre 37 e 45 (a pontuação máxima é 52). Se você pontuou alto, é mais motivado que a média pela promessa de recompensa. Provavelmente exibe uma forte motivação para dar início ou progredir na direção de seus objetivos. Pode até nortear sua vida em torno de recompensas pelas suas realizações. Isso é bom, no sentido de motivá-lo em direção a realizações, mas um alto grau de dependência de recompensa também tem suas desvantagens. Pode atrapalhar sua capacidade de encontrar equilíbrio na vida. Talvez signifique que você irá vivenciar um vazio particularmente agudo durante períodos de desemprego, quando se aposentar ou (como no meu caso) quando estiver entre um projeto e outro. Em certas ocasiões, você tende à impulsividade ou aos comportamentos de risco. Ou pode ser propenso, em seus pensamentos e decisões, a ser muito influenciável pela promessa de aprovação ou de apoio sociais, pelo prazer sexual ou por ganhos monetários.

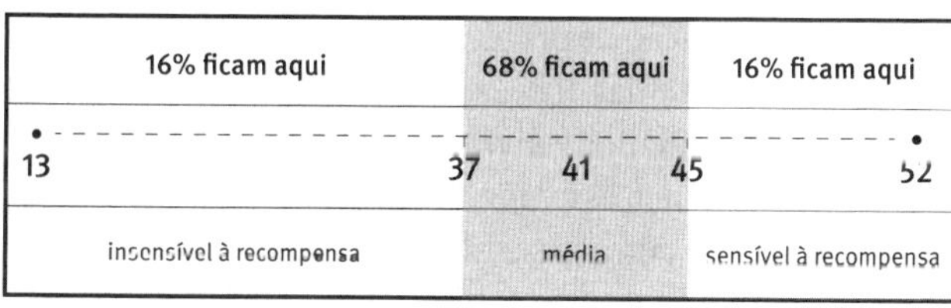

Distribuição de número de pontos em sensibilidade à recompensa.

Uma motivação inabalável para a realização de objetivos é um dos pontos-chave do sucesso pessoal e profissional – os psicólogos chamam isso de *garra*. É o que o compele a continuar trabalhando até sua obra de arte estar satisfatória, ou perseverar quando chega a um impasse, até seu cérebro flexível gerar a ideia que é a chave para a solução do problema. Mas a impulsividade também nos mete em encrencas, correr riscos é uma faca de dois gumes; e o foco exagerado na aprovação social, em sexo ou em recompensas monetárias talvez produza infelicidade. Você pode controlar essas tendências quando tomar consciência delas, e o questionário o ajuda a atingir essa consciência.

As recompensas da arte

Poucas pessoas gostam de seguir a rotina "decoreba" da solução de problemas estabelecida pelas escolas no ensino da matemática elementar. Chamamos essa abordagem de "sem nexo", pois não exige realmente nada do pensamento a não ser escolher qual algoritmo fixo aplicar. Mas a maioria de nós gosta de alguma espécie de desafio à nossa capacidade de pensar – atividades como jogos de baralho, xadrez, palavras cruzadas, quebra-cabeças, enigmas, sudoku, consertar automóveis. Em certo sentido, todas essas são atividades de resolução de problemas, mas, ao contrário da rotina dos problemas matemáticos, exigem geração de ideias e outros aspectos do pensamento flexível.

Como já mencionei, esse tipo de pensamento é útil para nossa espécie, e por isso o cérebro se esforça para estimulá-lo. À medida que você percorre os passos para resolver um problema, o fluxo sutil de recompensa produzido quando parece que está fazendo progresso é a forma emocional de o seu cérebro manter a atenção concentrada nessa linha. Todos já sentimos uma sensação visceral consciente de que nosso pensamento está na direção certa, mas também já sentimos um estímulo inconsciente do qual não nos conscientizamos, mas que assim mesmo nos leva na direção do nosso pensamento.

É fácil entender por que evoluímos para ter satisfação com a resolução de problemas, mas, como ilustra o caso de Pat Darcy, o cérebro também evoluiu para nos fazer felizes quando nos envolvemos com a arte. A prática de aptidões artísticas é anterior mesmo à origem da nossa espécie. Um milhão e quatrocentos mil anos atrás, nosso antecessor *Homo erectus* criou os primeiros artefatos estéticos que conhecemos: machados manuais simétricos.[11] Eles são atraentes, e este deve ter sido o propósito da simetria, pois torná-los simétricos utilizando as ferramentas de osso, de chifre e de pedra da época exigiu um grande investimento de tempo e energia, e pouco acrescentava à utilidade. Os bacanas extravagantes de hoje podem se enfeitar com brincos e anéis retrô, mas se você quiser ser realmente retrô, tente andar com um machadinho simétrico.

O fato de as aptidões do exercício do pensamento flexível, como geração de ideias, reconhecimento de padrões, pensamento divergente e imaginação, serem inerentemente gratificantes é a razão por que as pessoas sempre despendem energia nas artes, apesar da falta de recompensas materiais (para a maioria). Aliás, a recompensa material pode até interferir no prazer que sentimos com tais atividades. Vamos considerar, por exemplo, como reagiu o grande escritor russo Fiódor Dostoiévski quando um editor pagou um adiantamento razoável para ele escrever um romance.[12] Note que o autor *não* recebeu nenhuma diretriz sobre o que escrever; simplesmente lhe pediram que escrevesse alguma coisa envolvente em troca de dinheiro. Apesar disso, em carta a um amigo, Dostoiévski disse: "Acredito que você nunca tenha escrito por encomenda, por metro, e nunca passou por essa tortura infernal." A tortura infernal a que se referia não significava que os grandes romancistas são primas-donas; a perspectiva de ser pago pelo trabalho causou um bloqueio em Dostoiévski.

Dostoiévski não é um caso isolado. Muitos estudos recentes em psicologia social sugerem que a produção criativa monetizada pode perturbar o processo que leva à inovação. Isso contradiz as ideias da psicologia tradicional, cheia de artigos que estudam a importância da recompensa no estímulo, ou até no controle do comportamento da pessoa.[13] Porém, talvez seja contraproducente oferecer uma recompensa extrínseca por um comportamento *intrinsecamente* gratificante. A dificuldade no pensamento original surge, diz a psicóloga Teresa Amabile, quando você "tenta pelas razões erradas".[14]

Nosso cérebro recompensa o pensamento original e artístico porque essas habilidades são importantes para a capacidade de qualquer animal reagir à mudança e à imprevisibilidade. Por isso, faz sentido que muitos animais exibam sua natureza artística quando se propagandeiam para um parceiro ou parceira. Pavões se pavoneiam, pássaros canoros gorjeiam. O tentilhão-zebra aprende a cantar imitando os machos adultos e depois, ao chegar à maturidade sexual, cria novas e diferentes melodias de sua própria autoria.[15] Será que o talento artístico teria papel semelhante no acasalamento humano? Ele indicaria, num nível inato e inconsciente, ao parceiro ou parceira em potencial a presença de genes importantes para a sobrevivência?[16]

Os psicólogos da evolução Martie Haselton e Geoffrey Miller testaram essa hipótese estudando como o gosto das mulheres pelos homens se altera em diferentes estágios dos ciclos de ovulação.[17] Haselton e Miller sabiam que, quando julgam a atração masculina no auge da fertilidade, pouco antes da ovulação, as mulheres inconscientemente conferem mais peso que o normal a indicadores de vantagens evolutivas, como a musculatura do torso, o crescimento da barba e o tamanho do queixo. Esses fortões das academias podem ser muito atraentes, mas mal sabem que a força dessa atração depende do ciclo mensal da mulher. Haselton e Miller argumentaram que, se a imaginação também é sinal de aptidão para acasalamento, o talento artístico deveria ter nas mulheres o mesmo efeito variável que um grande peitoral.

Para descobrir isso, Haselton e Miller reuniram 41 mulheres na casa dos vinte anos e fizeram um registro da periodicidade de seus ciclos menstruais. Em seguida apresentaram a cada uma delas uma descrição detalhada, por escrito, de dois homens jovens. As descrições foram projetadas de forma que os homens tivessem qualidades comparáveis, só que um era artista, mas pobre, enquanto o outro estava na média da inteligência criativa, mas era rico. Embora cada uma tenha pesado essas características de acordo com seu gosto pessoal, a questão era se uma dada mulher, na época do mês em que seu corpo estava pronto para a reprodução, apresentaria maior tendência a escolher o homem que pudesse gerar uma prole criativa. Se assim fosse, isso apoiaria a ideia de que a habilidade artística é uma forma de sinalizarmos aptidão reprodutiva.

Depois de ler as vinhetas, as mulheres deram notas de 1 a 9 à atração exercida pelos homens, respondendo a uma pergunta por escrito: "Quem você acha mais desejável para um caso sexual de curto prazo?"

Os resultados foram esclarecedores, especialmente se você for um artista pobre. A classificação das mulheres em termos de atração em relação ao homem pobre e criativo se mostrou diretamente correlacionada aos graus de fertilidade, ao passo que a fertilidade não teve efeito na classificação do homem rico, mas sem imaginação. Quanto à pergunta sobre quem elas escolheriam para ter um caso, o efeito do período fértil é bem impressionante. Quando a fertilidade estava em alta, 92% das mulheres escolheram a habilidade artística e não a riqueza, mas quando em baixa, só 55% fizeram isso. É um clichê dizer que tipos artísticos não têm problemas para se relacionar com membros do sexo oposto, mas é agradável saber que na origem dessa ligação está a importância evolutiva da imaginação.

Déficit de atenção, superávit de flexibilidade

No início dos anos 1990, uma jovem pioneira em psicologia educacional da Universidade da Geórgia chamada Bonnie Cramond percebeu uma singularidade no gradual crescimento da bibliografia sobre o transtorno de déficit de atenção e hiperatividade (TDAH). As crianças retratadas naquela pesquisa pareciam compartilhar as mesmas características descritas em crianças superdotadas. Por exemplo, tanto as crianças com TDAH quanto as superdotadas eram rotuladas como distraídas e com grande apetite por atividades.[18]

Essas soam como características negativas. De fato, quando a disfunção foi descrita pela primeira vez, no começo do século XX, os médicos pensaram que ela estava relacionada a algum tipo de pequena lesão cerebral.[19] Essa ideia foi descartada nos anos 1990, mas continuou a vigorar um considerável estigma associado ao diagnóstico de TDAH. Isso incomodou Bonnie Cramond. Ademais, ela desconfiou que o TDAH poderia ser *benéfico* para o pensamento. Será que aquelas características do TDAH estavam relacionadas a qualidades positivas – como ambição, produtividade e capacidade de gerar ideias rapidamente?

Bonnie Cramond resolveu administrar o que foi essencialmente um teste de pensamento flexível em crianças diagnosticadas com TDAH; e, inversamente, ministrar um teste de TDAH em um grupo de crianças de um "programa escolar especial". Ela descobriu uma sobreposição impressionante. Um terço do grupo TDAH somou pontos suficientes para se qualificar para a elite do superseletivo programa escolar, enquanto um quarto dos participantes do programa escolar foi diagnosticado com TDAH – proporção quatro a cinco vezes maior que a prevalente na população em geral. Para Bonnie Cramond, o trabalho foi o começo de uma longa carreira estudando crianças superdotadas.

Hoje, o TDAH é apenas um pequeno estigma, e a garotada às vezes é mal diagnosticada por essa condição só para satisfazer pais em busca de uma "cura" para o que é simplesmente um estado natural, saudável e altamente ativo dos filhos. A questão do falso diagnóstico é irônica, pois nos anos recentes nós fizemos grandes progressos na compreensão do TDAH. Agora conseguimos explicar os resultados de Bonnie Cramond no nível neural, o que nos traz de volta ao sistema de recompensa e ao seu papel motivador das pessoas para explorar tanto novas ideias quanto novos lugares.

Não existe uma única estrutura ou sistema no cérebro responsáveis por todas as características do TDAH. Os traços mais cruciais, porém, podem ser atribuídos ao circuito que liga a área tegmental ventral ao núcleo accumbens do sistema de recompensa, o mesmo que Olds encontrou.[20] No TDAH, os receptores de dopamina dessas estruturas são prejudicados, resultando num enfraquecimento do caminho de recompensa do cérebro. Por conseguinte, há uma redução do fluxo estável de reforço por se sentir bem que mantém a pessoa em direção aos seus objetivos.

Uma das consequências é que os portadores de TDAH têm dificuldade em realizar algumas tarefas rotineiras da vida cotidiana. Mas esse transtorno pode também causar o efeito oposto. Como o TDAH pode fazer a vida cotidiana parecer chata e rotineira, o cérebro tenta compensar esse déficit procurando mais estímulo. Em consequência, quando encontra uma tarefa que considera realmente interessante – ou seja, uma tarefa que estimule logo os circuitos de recompensa –, o cérebro com TDAH fica obcecado e hiperfocado.

A mais famosa característica do TDAH foi uma das que chamaram a atenção de Bonnie Cramond. Acontece quando o enfraquecimento do fluxo de recompensa não é suficiente para evitar que a atenção do portador fique adejando da questão à sua frente para estímulos do ambiente, ou para pensamentos produzidos por outra parte do cérebro. Em consequência, assim como os alunos numa sala de aula negligenciados por um professor leniente, os circuitos neurais da pessoa com TDAH disparam ideias com pouco foco ou censura.

Esses pensamentos intrusivos tiram o indivíduo da trilha, resultando na mudança de um objetivo a outro antes que a meta seja atingida. Mas esses pensamentos sem rumo às vezes são relevantes. Quando o são, podem produzir conexões incomuns, porém construtivas, e associações que não seriam pensadas por pessoas "normais", fazendo com que os indivíduos com TDAH tenham mais capacidade de geração de ideias e pensamentos divergentes. Para o bem *e* para o mal, o pensamento desses portadores de TDAH é menos restrito e mais elástico. Assim, embora muitos considerem o TDAH um transtorno, ele também pode ser algo sob medida para o ambiente turbulento e em constante mudança dos dias atuais. O TDAH poderia ser, como especulou Cramond, uma vantagem nesse estágio de nossa evolução.

Esse ponto de vista é apoiado por uma nova e interessante teoria, que afirma que nós desenvolvemos o TDAH como uma adaptação às exigências de mudança que vivíamos enquanto éramos nômades caçadores-coletores. Os nômades viviam num ambiente em muitos aspectos parecido com a nossa civilização de hoje: sempre se mudando e cercados de ameaças imprevisíveis. Nesse contexto, o pensamento flexível, a atenção flexível e a sede de aventura, sobretudo a sede de exploração, talvez tenham sido benéficos.

Essa teoria foi testada num estudo acerca de uma tribo nômade do Quênia chamada Ariaal. Seus integrantes sempre foram nômades e cuidaram de seus rebanhos, com pouca gordura corporal e vivendo em estado de subnutrição crônica.[21] Então, mais ou menos quarenta anos atrás, alguns dos nômades se separaram do grupo principal e se assentaram num local para se dedicar à agricultura. Recentemente, um antropólogo da Universidade de Washington estudou, nos dois grupos, a frequência da variante de um gene que tem sido relacionado ao TDAH. E descobriu que entre os errantes, sempre se confrontando com constantes mudanças, os portadores do gene TDAH eram mais bem-nutridos, na média. Mas entre os que se assentaram, os que apresentavam essa característica eram subnutridos numa proporção significativa.

Os nômades da tribo Ariaal com TDAH pareciam mais bem-equipados para prosperar no tempestuoso ambiente em que viviam, enquanto os membros da tribo com TDAH que se assentaram ficaram em desvantagem entre as muitas atividades agrícolas que demandam concentração permanente. Essa é uma lição para todos nós. Até umas duas décadas atrás, nossa sociedade se assemelhava à dos membros assentados de Ariaal, e por isso o TDAH pode ter sido uma desvantagem. Mas nos tempos turbulentos de hoje, somos mais parecidos com os membros nômades de Ariaal, e por isso o TDAH pode ser uma vantagem.

De maneira geral, o TDAH é uma característica do cérebro imaturo, e as crianças costumam superá-lo quando crescem. Mas, sejamos ou não portadores de TDAH, todos temos uma propensão maior ou menor para explorar ou se aventurar, para vagar ou se concentrar. O teórico Michael Kirton, que se dedica à pesquisa ocupacional, estava à frente de seu tempo quando, nos anos 1970, captou essa mesma diferença em sua teoria de estilos cognitivos "adaptadores e inovadores".[22]

Kirton definiu os "adaptadores" como indivíduos focados porém rígidos, que "preferem fazer as coisas melhor com tentativas ordenadas e métodos comprovados". Tendem a ser prudentes e cautelosos e parecem imunes ao tédio. Parecem "enfadonhos e pouco empreendedores, arraigados a regras e sistemas", escreveu Kirton. Os "inovadores", por outro lado, são pensadores elásticos que gostam de procurar novas abordagens aos problemas. Em geral são mais distraídos e administram mal o tempo, criando soluções menos comuns e às vezes menos aceitáveis, que costumam encontrar resistência no mundo corporativo. Podem também parecer ríspidos, inclusive entre si, escreveu Kirton.

Cada um de nós pode ter preferência por um tipo ou outro de pensador, mas as empresas precisam dos dois, e as que não chegarem a um equilíbrio adequado terão problemas, argumentou Kirton. Isso também é verdade em relação aos nossos relacionamentos: um indivíduo numa ponta do espectro de Kirton costuma parear melhor com um indivíduo da outra ponta. Ao aceitar suas diferenças, o seguidor de regras e o rompedor de regras equilibram um ao outro e criam um par que se beneficia da personalidade dos dois indivíduos, sem necessariamente sofrer com as desvantagens.

O prazer de descobrir coisas

Imagine o seguinte cenário, acontecendo muitos milhões de anos atrás: um homem primitivo da espécie *Homo habilis*, o antecessor do *Homo erectus*, luta com uma pequena criatura, rola por cima de uma pedra afiada e se corta. Depois de dominar a presa, está prestes a rasgar a carne dura da caça com os dentes quando sua mente faz uma associação. *A pedra afiada cortou minha pele; eu quero cortar a pele desse animal; eu vou usar a pedra afiada*. Durante os milhões de anos de existência do *Homo habilis*, essa primitiva lâmina de pedra foi sua única criação original.

Agora vamos avançar 1,5 milhão de anos. Estamos no início dos anos 1990, e Jerry Hirshberg, presidente do centro de design da Nissan na Califórnia, está lutando para criar o design do novo Nissan Quest. Um dia, dirigindo por uma estrada, ele vê um casal no meio-fio pelejando para empurrar o banco traseiro de uma minivan concorrente a fim de acomodar um sofá. Imediatamente surge um pensamento na cabeça de Hirshberg: instalar trilhos que possibilitem ao motorista rebater e deslizar os bancos traseiros para a frente e ganhar espaço. E assim nasceu uma das características mais populares do projeto do Nissan Quest.[23]

As duas invenções foram resultado do cérebro de alguém fazendo uma associação entre ideias aparentemente não relacionadas. Diferentes épocas, diferentes espécies, a mesma rota para a descoberta. Na natureza, átomos diferentes colidem e se combinam para criar moléculas com propriedades diferentes das dos átomos que as formaram. Na nossa mente, uma rede neural do nosso cérebro se sobrepõe a outra e a ativa, possibilitando a formulação de diversos conceitos e observações para criar novas ideias. Apesar de o pensamento original nas artes, na ciência, nos negócios e na vida pessoal se diferenciar em objetivos e conteúdos, no plano das redes neurais todos esses modos de pensamento surgem da associação de diferentes conceitos no nosso cérebro.

O equipamento mental que utilizamos para resolver problemas de negócios – ou nos ajustarmos às condições da nossa vida pessoal – é o mesmo que usamos para explorar ou criar novas formas de arte e música, ou teorias científicas. Igualmente importante, os processos de pensamento que usamos para criar o que é saudado como grandes obras-primas da arte e da ciência não são fundamentalmente diferentes dos que utilizamos para criar nossos fracassos.

Um dos aspectos desses processos de pensamento é quanto eles são intrinsecamente gratificantes, dados os sinais de prazer que nosso cérebro vivencia quando geramos ideias. É por isso que há o ditado que diz que o que vale é o caminho, não o ponto de chegada. Na verdade, normalmente não sabemos quanto o ponto de chegada será valorizado pela sociedade até bem depois do nosso ato de criação. Pense em Vincent van Gogh, que vendeu pouquíssimos quadros em vida. Ou na imagem heliocêntrica do sistema solar de Copérnico, que não impressionou ninguém, até Galileu adotá-la cerca de sete décadas depois. E também em Chester Carlson, que, como mencionei, inventou a fotocopiadora. Isso foi em 1938, mas ele não conseguiu vender a máquina, pois as empresas – inclusive a IBM e a General Electric – consideraram a ideia maluca. Por que alguém iria querer uma complicada copiadora quando as pessoas podiam simplesmente usar papel-carbono?

Tive a sorte de aprender, muitos anos atrás, a reconhecer até os processos de pensamento que levam a "pequenas ideias", ou a tentativas fracassadas. Aprendi isso com o grande físico e ganhador do Prêmio Nobel Richard Feynman. Ele esbarrou na "pedra afiada" de uma ideia quando, ainda estudante de graduação, nos anos 1940, topou com uma observação feita por Paul Dirac, um dos pais da teoria quântica. Feynman fez uma associação mental entre o comentário de Dirac e algumas ideias em que já estava pensando. Após anos de árduo trabalho, aquilo o levou a uma maneira inteiramente nova – e exótica – de ver a teoria quântica, acompanhada por um novo formalismo matemático, chamado diagramas de Feynman.

Assim como a ferramenta de pedra do *Homo habilis*, os diagramas de Feynman estão em toda parte na física e são a base de muitos dos trabalhos fundamentais nessa ciência hoje. Mas se o plano de Feynman tivesse fracassado – se sua matemática afinal tivesse algum pequeno furo –, suas ideias não teriam sido menos imaginativas. Aliás, em algumas ocasiões, Feynman teve o maior prazer em me descrever algumas ideias originais que ele havia criado, e que funcionaram, mas não levaram a parte alguma. Embora, corretamente, os cientistas só valorizem teorias que funcionam, podemos também reconhecer o grau de beleza intelectual numa teoria proposta, prove-se ela correta ou não.

Quanto a Feynman, ele não via sua mais famosa descoberta como algo diferente de qualquer outro problema que tivesse solucionado em sua longa carreira, fosse grande ou pequeno, ou dos pequenos enigmas da vida normal que devem ser enfrentados por todos nós. O fato de uma pessoa que deu uma contribuição monumental e revolucionária em sua área sentir igual prazer em resolver problemas de muito menos importância é uma comprovação de que o exercício do pensamento flexível é intrinsecamente gratificante. Feynman demonstrou isso muito bem numa carta de 1966 a um de seus ex-alunos de doutorado, que, anos depois de ter se formado, escreveu para o professor se desculpando por não ter realizado trabalhos muito importantes. A isso Feynman respondeu:

> Caro Koichi,
> Fiquei muito feliz em saber de você, e que tem um cargo importante nos Laboratórios de Pesquisa.
>
> Lamentavelmente sua carta me deixou infeliz, pois você parece triste de fato. Parece que a influência do seu professor foi lhe dar uma falsa ideia acerca do que são os problemas importantes. ... Um problema é grande na ciência quando está diante de nós sem solução e enxergamos uma forma de fazer algum progresso a respeito. Eu o

aconselharia a considerar até os problemas mais simples ou, como você diz, mais humildes…

Você me conheceu no auge da minha carreira, quando para você eu parecia estar preocupado com problemas próximos aos deuses. Mas ao mesmo tempo eu tinha outro aluno de doutorado (Albert Hibbs),* cuja tese era sobre [o prosaico tópico de como] os ventos formam as ondas sobre a água do mar. Eu o aceitei como aluno porque ele veio a mim com o problema que desejava solucionar…

Nenhum problema é pequeno ou trivial se realmente pudermos fazer algo a esse respeito.

Você diz que é um homem sem reputação. Não para a sua esposa e seu filho. E também não será mais assim com seus colegas diretos, se puder responder às suas perguntas simples quando eles entrarem em seu escritório. Você não é sem reputação para mim. Não continue não tendo reputação para você mesmo – é um jeito muito triste de ser. Conheça seu lugar no mundo e avalie-se com justiça, não em termos dos ideais ingênuos de sua juventude, não em termos do que você erroneamente imagina serem os ideais do seu professor.

Boa sorte e felicidades.

Sinceramente,
Richard P. Feynman

* Hibbs, que morreu em 2003, tornou-se cientista de destaque no Laboratório de Propulsão a Jato de Pasadena, na Califórnia.

4. O mundo dentro do seu cérebro

Como o cérebro representa o mundo

Para qualquer palavra ou conceito ser o objeto de seus pensamentos, essa palavra ou esse conceito devem ser representados em uma rede neural dentro do seu cérebro. Aristóteles fez uma analogia mais de 2 mil anos atrás. Mesmo sem saber nada sobre redes neurais, ele argumentou que o pensamento humano baseia-se em representações internas do mundo, e distinguiu a imagem que chega aos nossos olhos da percepção indireta dessa imagem nos nossos pensamentos.[1] Ele também acreditava que as mulheres eram homens deformados e tinham menos dentes. Estava equivocado sobre várias coisas. Mas sobre isso, a respeito do pensamento humano, sua observação foi acurada e importante. Pois como não há uma tela de vídeo no cérebro que represente diretamente a informação óptica captada por nossa retina, nosso cérebro deve estar traduzindo e decodificando essa informação, e quaisquer processos podem tanto enviesar quanto restringir nosso pensamento.

Não é só a informação dos nossos sentidos que deve ser decodificada no cérebro; todas as informações, desde o fato de que gelo é água congelada ou a conclusão de que Satã não é um bom nome para o seu cachorro. E assim, na decodificação da informação sensorial, a maneira como o conhecimento, as ideias e outras informações são representadas tem um efeito substancial na forma como pensamos sobre essas informações.

Por exemplo, vamos supor que você memorize um número de telefone. Uma maneira óbvia de guardar essa informação é como uma sequência de numerais, ou como uma imagem, se você anotou os números. Mas o seu cérebro não armazena assim. Para constatar, tente recitar um número de telefone de trás para diante. É fácil se o número estiver escrito num pedaço de papel, mas difícil se o estiver lendo com a memória. Essa limitação tem origem na maneira como o cérebro *representa* números telefônicos.

A questão de como representar o que é para ser "pensado a respeito" é uma questão que deve ser resolvida por todos os sistemas de processamento de informação. Por exemplo, em 1997, a IBM ganhou manchetes nos jornais com um computador chamado Deep Blue, que derrotou o grande campeão de xadrez humano Garry Kasparov num torneio de seis partidas.[2] A primeira tarefa enfrentada pela equipe da IBM no projeto do Deep Blue foi determinar como o programa representaria o jogo internamente, nas vísceras da máquina. Eles decidiram criar uma árvore de movimentos e respostas possíveis e um conjunto de regras para avaliar a conveniência (ou "valor") de qualquer dada combinação de peças no tabuleiro. Essa representação determinava o que o Deep Blue fazia quando "ponderava" sobre um movimento: ele analisava a árvore de posições no tabuleiro.

O cérebro de Kasparov representava o problema de jogar xadrez não como uma árvore de movimentos, mas de uma forma muito mais poderosa – como um conjunto de padrões significativos. Ele via, como uma só unidade, pequenos grupos de peças protegendo mutuamente umas às outras, atacando uma peça juntos ou controlando certos quadrados. Os neurocientistas estimam que ele conseguia reconhecer cerca de 100 mil posições diferentes no tabuleiro, compostas por esses aglomerados de peças.

Representar o jogo em termos de padrões de peças é natural para as redes neurais de baixo para cima que formam o cérebro humano, enquanto o método da árvore de possibilidades é um processo tradicional de cima para baixo dos computadores. A abordagem do cérebro é feita sob medida para o pensamento flexível. Facilita a análise em termos de princípios e estratégias como um todo, e a capacidade de melhorar com o aprendizado. A abordagem de busca de uma árvore é feita sob medida para a análise lógica passo a passo aplicada pelos computadores. Ela reduz cada decisão de movimento a um imenso cálculo matemático, que gera uma resposta, mas não uma compreensão conceitual, e com muito menos potencial de aprendizado.

Dado um tempo ilimitado, uma busca pelo sistema da árvore poderia, em princípio, produzir sempre o melhor movimento. Mas como, na prática, o tempo permitido não é ilimitado, a qualidade das escolhas do computador é um reflexo da velocidade de seu hardware. O Deep Blue era muito mais rápido em avaliar posições de xadrez que Kasparov – conseguia avaliar 1 bilhão no tempo que Kasparov levava para avaliar somente uma.[3] O fato de Kasparov ter feito o Deep Blue suar, apesar da desvantagem da velocidade, é uma prova do poder do pensamento flexível que o cérebro humano pode empregar para formular e analisar problemas.

Na década passada, programadores projetaram máquinas para jogar outros tipos de jogos, com resultados igualmente impressionantes. Em 2011, por exemplo, o computador Watson da IBM, com quatro terabytes de armazenagem de disco e acesso a 200 milhões de páginas de conteúdo, venceu o campeão do programa de TV *Jeopardy!* na época. Enquanto isso, os processadores se tornaram tão rápidos que um computador de xadrez de US$100 bate facilmente campeões mundiais humanos.[4]

Nos anos recentes, a comunidade de informática percebeu a superioridade da maneira como os sistemas biológicos processam a informação. Como mencionei antes, agora eles tentam copiar os seres humanos, projetando softwares que imitam as redes neurais de cima para baixo de nosso cérebro. O empreendimento estabeleceu o que tem sido chamado de "corrida armamentista" por talentos em inteligência artificial. O Google – depois de fazer sua estreia criando o programa que aprendeu a reconhecer gatos – liderou o caminho ao adotar a abordagem não tradicional (ver Capítulo 2). Facebook, Apple, Microsoft e Amazon também embarcaram na diligência.

O empreendimento já rendeu frutos – por exemplo, um computador que pode vencer o melhor humano no jogo Go e o grande aperfeiçoamento na versão do Google Tradutor. Apesar de ser um avanço em relação à abordagem tradicional, os sistemas neurais de hoje têm representações internas projetadas especificamente para a aplicação em que serão utilizados, sem capacidade de adaptar seu processamento se for alterada a tarefa para a qual foram designados – e muito menos aplicar sua inteligência numa ampla gama de domínios. São excelentes para aprender "numa situação altamente estruturada", disse um especialista em inteligência artificial (IA), mas ainda "não estão no nível de compreensão humano".[5]

Como resultado, mesmo os mais avançados computadores de hoje não são nada do que se esperava do Solucionador Geral de Problemas (GPS – General Problem Solver) nos primeiros dias da inteligência artificial.

Os cientistas da computação tiveram de construir uma máquina para jogar Go e outra para abastecer o processo de tradução da linguagem. Um único cérebro humano pode lidar com as duas tarefas, e fazer isso equilibrando-se numa perna só. Essa flexibilidade é claramente necessária no cérebro dos animais, pois enfrentamos uma miríade de situações na vida e não podemos ter um cérebro em separado para cada uma. A fim de resolver problemas imprevistos encontrados por formas de vida complexas, nós, animais, desenvolvemos uma mente elástica que consegue criar representações espontaneamente, sem intervenção exterior – as habilidades necessárias para sobreviver no nosso mundo de fluxos. Esse é o milagre do processamento de informação biológica. Por isso, para quem quiser construir um Solucionador Geral de Problemas hoje, a melhor maneira ainda é encontrar um parceiro e gerar um novo ser humano.

Como o cérebro cria significado

Pense no que acontece quando ocorre um evento simples como a ativação da campainha de uma porta. É fácil cometer o erro de acreditar na nossa percepção desse evento considerando o som da campainha uma realidade física, mas não é o caso. A realidade física da ação da campainha da porta é a propagação em forma de onda de uma perturbação das moléculas de ar.

Um microfone representaria o som da campainha como a modulação de uma corrente elétrica que poderia ser transmitida, digamos, para um falante que conseguisse captá-la e reproduzi-la. Um radiotransmissor representaria o mesmo fenômeno físico como a modulação de uma onda eletromagnética. Um computador o representaria com uma série de zeros e uns codificados no estado quântico de seu circuito. Uma cobra descansando na sua casa sentiria o toque da campainha na forma de vibrações do ar que estremecem o piso onde ela apoia a mandíbula, criando a partir dessa sensação sua concepção dos eventos – seja qual for.

No nosso cérebro, o som físico da campainha da porta é transmitido pelo ouvido e representado pelo estado de uma rede de neurônios no auditório do córtex no nosso lóbulo temporal. Nós o percebemos como um som de campainha. Mas essa representação não é mais verdadeira que as outras quatro que acabei de mencionar. É apenas uma fabricação que nos permite processar a informação e calcular uma resposta apropriada.

Algumas pessoas, portadoras do que chamamos de sinestesia, vão perceber a atividade da campainha também como cor, além de som. Pode parecer estranho que alguns cérebros humanos traduzam a vibração de moléculas de ar numa percepção de matizes. Do ponto de vista da física, no entanto, a representação da campainha como a sensação que chamamos de som não é mais natural que percebê-la como a sensação que chamamos de cor. Na verdade, ninguém sabe o que a cobra, o morcego ou a abelha sentem quando percebem a campainha – ou o que uma inteligência alienígena sentiria –, pois não há razão para acreditar que façam isso via a mesma sensação com que percebemos a campainha.

Seja qual for a maneira como um organismo representa o som físico, isso é apenas o começo. Para sobreviver, todas as espécies devem processar e reagir a importantes estímulos em seu ambiente, atribuindo assim um significado à informação sensorial.

Um dos aspectos-chave que distinguem os mamíferos é que seus cérebros atribuem muitos níveis de significados, de uma forma mais sofisticada que qualquer outra espécie animal. Nós percebemos a campainha da porta como um som de campainha, mas ele também contém associações que podem significar uma interrupção (aquele advogado de novo), uma relação social (meu amigo chegou) ou gratificação (o homem do Sedex veio trazer o cashmere que encomendei). Essa simples perturbação de moléculas do ar dispara uma cascata de significados relacionados – físicos, sociais e emocionais. Assim, apesar de aprendermos na escola que as características que definem os mamíferos é ter pelos, dar à luz filhotes e amamentar a prole, a maneira como os mamíferos *pensam* é igualmente importante.

Um dos truques do cérebro dos mamíferos na criação de significado é agrupar diversos elementos numa única unidade composta, e agrupar unidades compostas em unidades de nível ainda mais alto e assim por diante. Os cientistas definem, apropriadamente, as ideias e os grupos de ideias representados por essas hierarquias como *conceitos*. Por exemplo, o conceito de "avó" pode incluir características como rugas no sorriso, cabelos grisalhos e "guardar a dentadura no copo". Seja o que for para você, o conceito é também agrupado sob um conceito mais amplo, o de "avós", que em si é um subconjunto do conceito "pessoas de idade".[6]

Imagine avistar sua avó inesperadamente. Como você processa os dados que seus olhos captam? A informação visual da cor da pele, dos olhos, do cabelo etc. é logo transmitida para uma área do seu cérebro chamada córtex visual, mas demora alguns milissegundos para conferir significado a essa informação. Se ela estiver usando óculos escuros dourados e um chapéu enfeitado com bananas e peras de plástico, ou se você vir sua avó fora de contexto, se estiver de férias no Havaí – onde não esperaria encontrá-la –, sua identidade pode levar vários segundos para ser registrada e até parecer uma pequena epifania. Esse retardamento é indicativo do processamento ocorrendo no seu cérebro. Mas que espécie de computação é essa?

Nós ainda não entendemos completamente o processo, mas sabemos que seu cérebro não está registrando literalmente cada parte da mulher que você vê como uma informação óptica, da maneira como faria o computador, pixel por pixel, para depois procurar no banco de imagens e afinal combinar a informação com uma imagem de avó armazenada. Isso seria tremendamente trabalhoso, pois às vezes você vê sua avó em plena luz do dia e às vezes no escuro, de frente, de perfil ou de costas, usando um chapelão cheio de frutas ou sem chapéu, rindo ou franzindo a testa etc. – as variáveis são praticamente infinitas. Se nosso cérebro saísse em busca de uma base de dados de fotos de avó, nós teríamos de armazenar todas as imagens que a representam, ou precisaríamos de um algoritmo para gerá-las a partir de alguns pontos de vista padrão. Um computador incrivelmente rápido como o Deep Blue se sairá bem nessa abordagem do processamento de informação, mas não o cérebro humano.

O que acontece é um nível mais alto de processamento, relacionado a aglomerados de pixels: as feições dela. Assim como para Kasparov eram aglomerados de peças que formavam unidades significativas, para você é uma coleção de aspectos (inclusive características não visuais, como personalidade) que formam a representação da sua avó, o seu conceito de avó. Sabemos disso porque existem neurônios no seu cérebro que disparam sempre que você a vê, mas esses mesmos neurônios também disparam se você simplesmente ler o nome dela escrito, ouvi-la falar ou lhe lembrarem algum aspecto dela.

Os neurocientistas chamam os neurônios em redes que representam conceitos de "células de conceito", ou "neurônios de conceito".[7] Temos redes de células de conceito para pessoas, lugares, coisas – até para ideias como ganhar ou perder. Usei a imagem da avó para ilustrar a ideia de células de conceito porque elas costumam ser chamadas de *células de avó*. O termo foi inventado quando os neurocientistas não acreditavam que tais células pudessem existir, e por isso devia parecer zombeteiro e sarcástico, como: "Você não pode acreditar que seu cérebro reserva uma rede de células para pensar na sua avó!" Mas os cientistas mudaram o tom quando essas células foram realmente descobertas em 2005, mudando também sua terminologia.

Naqueles primeiros experimentos, os cientistas tiraram vantagem de eletrodos implantados fundo nos cérebros dos pacientes no decorrer de tratamentos de casos graves de epilepsia.

Os eletrodos permitiram que eles observassem os neurônios individuais no cérebro dos pacientes respondendo a fotos de locais como a Torre Eiffel e o Teatro da Ópera de Sydney e gente famosa como as atrizes Jennifer Aniston e Halle Berry. Os pesquisadores ficaram chocados ao constatar que a mesma rede poderia, por exemplo, reconhecer Halle Berry vista de diferentes ângulos, e até quando mascarada como Mulher-Gato. Hoje os pesquisadores acreditam que, a esse respeito, os humanos dispõem, de longe, de maior capacidade que qualquer mamífero. Somos capazes de decodificar em nossos neurônios dezenas de milhares de diferentes conceitos, cada um composto por uma rede de cerca de 1 milhão de neurônios de conceito – tantos quanto os que ocupam o cérebro inteiro de uma vespa.[8]

Redes de conceito são os blocos estruturais de nossos processos de pensamento. Cada uma dessas redes pode ser acessada de forma independente. O fato de os neurônios serem compartilhados entre diferentes redes parece ser a raiz das associações que fazemos entre diferentes conceitos, pois permite que a ativação de uma rede neural se dissemine por outra.[9] Quando estamos diante de uma pergunta ou acessamos uma nova informação, nós funcionamos com esses conceitos, talvez fundindo, dividindo-os ou evocando um novo conceito com base em alguma associação. Ao enfileirar esses pensamentos, somos levados a tirar conclusões. Cada conceito que concebemos assume a forma física de uma constelação de neurônios numa rede de conceito. São a realização, em hardware, de nossas ideias.

Nossos processos são muito mais complexos que os que ocorrem num computador, no cérebro do inseto ou mesmo no cérebro de outros mamíferos. Eles permitem que enxerguemos o mundo armados de uma capacidade incrivelmente ampla de análise conceitual. Essa é a razão – agora que deixamos para trás a maioria das batalhas existenciais na natureza – por que os seres humanos podem voltar seu poder para empreendimentos inexistentes no mundo natural. É possível criar o velcro, a teoria quântica, a arte abstrata e rosquinhas açucaradas porque a maleabilidade do nosso pensamento nos permite ir além do mundo existente de nossos sentidos e inventar novos conceitos. Então, enquanto os outros animais precisam perseguir sua presa por vastos territórios, nós só precisamos correr numa esteira, enfiar um prato congelado no micro-ondas e nos deleitarmos com uma mistura de levedo liofilizado, maltodextrina, fosfato de alumínio de sódio e setenta outros ingredientes que os fabricantes chamam de "frango ao gergelim".

A habilidade de baixo para cima das formigas

Uma vez que a informação é representada no cérebro, o que acontece depois? Como o cérebro processa essa informação? Em certo sentido, os neurônios do nosso cérebro são simples objetos. Cada um recebe milhares de sinais eletroquímicos por segundo de outros neurônios com que estão conectados. Da mesma forma que os zeros e uns constituem a linguagem dos computadores digitais, esses sinais são de dois tipos: excitatórios e inibidores. O neurônio não usa inteligência nenhuma quando acessa esses sinais; ele simplesmente soma os sinais excitatórios e os subtrai dos sinais inibidores. Se a informação que entra na rede num curto período de tempo for de bom tamanho, o neurônio dispara, mandando seu próprio sinal (que pode ser excitatório ou inibidor) a outros neurônios com os quais está conectado.[10] Como os pensamentos e o intelecto de todos os animais surgem a partir dessa proeza primitiva de tomada de decisão de neurônios individuais – simplesmente disparar ou não disparar?

Se o comportamento da mamãe gansa for um bom modelo de comportamento automático e não pensante, o mundo dos insetos fornece um forte exemplo de como um processamento de informação inteligente pode surgir a partir de regras simples seguidas por um grande número de componentes individuais. Isso porque, diante de um ambiente desafiador e quase sempre mutável, que supera suas habilidades pré-programadas, certos insetos desenvolveram um inventivo método de processamento de grupo que, como nossos neurônios, cria uma resposta inteligente a partir de um grupo de componentes não inteligentes, os insetos individuais.

Os insetos que fazem isso, incluindo formigas, abelhas, vespas e cupins, são chamados insetos sociais. Do ponto de vista da evolução, são os mais bem-sucedidos de todos os insetos. Apesar de constituírem somente 2% de todas as espécies de insetos do mundo, eles são tão numerosos que compõem mais da metade da biomassa de insetos na Terra. Na verdade, embora cada inseto individualmente tenha menos que um milionésimo do tamanho de um ser humano, se todas as formigas do mundo fossem postas numa balança, o peso de todas juntas seria igual ao peso de todos os homens do mundo.

De certa forma, o termo *inseto social* é um equívoco, pois esses animais não ligam a mínima para seus pares. Eles não têm amigos e só se reúnem em cafeterias para comer as migalhas que você deixa cair, não para se encontrar com amigos. De fato, este é o ponto: os membros das espécies de insetos sociais são autômatos sem mente, cada um reagindo ao ambiente por meio de um conjunto de simples roteiros programados. Mas o que distingue os insetos sociais é que, ao longo de milhões de anos de evolução, esses roteiros sem mente se desenvolveram de forma que, reunidos, permitem que eles processem a informação de um jeito novo. Como indivíduos, seu modo de processamento de informação é rígido e roteirizado, mas como grupo é elástico. Assim, como grupo, não como indivíduos, eles podem avaliar novas situações complexas e tomar atitudes importantes. Eles têm uma inteligência coletiva que é chamada, nos termos da teoria da complexidade matemática, de "fenômeno emergente".

Para entender como isso funciona, considere como as formigas adaptam a forma como saem em busca de alimento quando os limites físicos do território disponível encolhem ou se expandem. Como não existe uma formiga no comando, não há um planejamento central. Mas se você colocar as formigas numa área de 3 × 3 metros e depois dobrar essas dimensões de repente, elas vão processar essa informação e mudar seus padrões de busca para explorar de forma eficiente a área maior. Embora nenhuma formiga compreenda individualmente o que mudou, como grupo elas reconhecerão a mudança e reagirão a ela. O que parece um comportamento inteligente no plano do grupo é apenas um algoritmo simples no nível da formiga individual: cada formiga, com suas antenas, sente quando encontra outra formiga e, utilizando uma fórmula fixa, ajusta seu caminho exploratório de acordo com a frequência desses encontros.

Esse é um exemplo simples, mas o mesmo tipo de raciocínio não supervisionado permite às formigas, como um coletivo, realizar muitas proezas inteligentes. Formigas soldados organizam expedições de caça envolvendo até 200 mil operárias.[11] Tecelãs e operárias criam pontes feitas com os próprios corpos, permitindo a travessia de grandes valetas, e juntam folhas para fazer ninhos. Formigas-cortadeiras podam folhas de plantas para desenvolver fungos. Formigas segadoras do Arizona mandam as forrageadoras em busca de alimento, mas se chover, e o ninho for atingido, essas formigas mudam de função fornecendo mais mão de obra para consertar os estragos. Tudo isso é conseguido sem qualquer orquestração "executiva" das formigas captando a atenção do grupo, sem raciocínio e planejamento de ações.

Como um todo, colônias de insetos sociais mostram uma mente coletiva tão coesa que alguns cientistas gostam de pensar na colônia como um organismo, não como formigas individuais. Isso se aplica inclusive à reprodução, explica a cientista Deborah Gordon, de Stanford: "Formigas nunca produzem novas formigas; as colônias produzem mais colônias."[12]

O processo acontece da seguinte maneira: todos os anos, no mesmo dia – ninguém sabe como a colônia consegue essa proeza de sincronia –, cada colônia solta seus machos e rainhas virgens com asas, que voam para um terreno de acasalamento onde copulam. Em seguida todos os machos morrem, enquanto cada rainha voa para um novo local. Lá, ela se livra das asas, cava um buraco, põe ovos e começa uma nova colônia. Dessa forma, a colônia original se reproduz. Essa colônia, com sua rainha, vive quinze ou vinte anos. A cada ano ela põe mais ovos para renovar a colônia, ainda usando o esperma do macho original (a maioria da prole é formada por operárias sem asas, incapazes de se reproduzir, mas algumas são novas formigas-rainhas e machos, que só estão ali para fertilizá-las).

Se você pensar a esse respeito, a maneira como funcionam as sociedades de insetos sociais é totalmente estranha para nós. Nossas corporações e organizações têm estruturas hierárquicas, com um indivíduo ou pequeno grupo no topo administrando as atividades dos que estão abaixo, que por sua vez supervisionam as atividades dos que estão em níveis inferiores. Para nós, é praticamente inconcebível um país ou empresa sem alguém no comando, e chamamos isso de anarquia. Mas uma formiga-rainha, ao contrário da realeza humana, não tem autoridade nem pede que as outras formigas exerçam suas atividades. Nenhuma formiga dirige o comportamento de outra formiga. É assim que as colônias funcionam – um número de meio milhão de formigas trabalha muito bem sem absolutamente nenhuma gerência.

O objetivo evolutivo de todos os organismos é entender e reagir ao seu ambiente de forma a sobreviver e se reproduzir. Mas os *insetos individuais* de uma colônia não integram informações, formando uma representação unificada do mundo ou dos problemas que precisam resolver. Eles tomam apenas decisões simples baseadas no que percebem em seu ambiente imediato. Ignoram as oportunidades e ameaças apresentadas pelo que estiver ao redor, bem como os objetivos e problemas de sua colônia, e não são instruídos sobre como reagir. Para as formigas, a representação do ambiente e de seus desafios é decodificada na colônia. Incontáveis interações entre indivíduos obedecendo a regras simples e pré-programadas resultam nas escolhas e nos comportamentos da colônia como um todo, fazendo com que prosperem.

Esse é um exemplo clássico de processamento de baixo para cima, ao contrário do processamento "de cima para baixo" realizado por organizações e computadores programados. Como já mencionei, nosso cérebro se utiliza de ambos. No processamento de cima para baixo, as estruturas executivas do cérebro orquestram nosso raciocínio, enquanto os processamentos de baixo para cima produzem o pensamento flexível, não orquestrado.

A hierarquia do seu cérebro

Nossos neurônios são as "formigas" do cérebro humano, produzindo os fenômenos emergentes que chamamos de inteligência. Mas nós temos 86 bilhões de neurônios, o que é quase 200 mil vezes o número de formigas numa colônia típica. Além disso, ao contrário das formigas, que se comunicam com uma ou duas formigas a cada dado momento, cada um dos nossos neurônios está conectado com milhares de outros neurônios via estruturas chamadas axônios e dendritos.

Graças a essa grande complexidade, os neurônios do nosso cérebro dispõem de diversos níveis de organização. Superficialmente, o cérebro parece uma massa uniforme de sulcos e calombos, mas na verdade é dividido e subdividido em regiões especializadas. Neurônios vizinhos estão conectados em estruturas que realizam funções específicas, e essas estruturas podem elas mesmas formar parte de estruturas maiores, e assim por diante – algo parecido com aquelas bonecas matrioskas russas.

Na escala maior, a camada mais externa do tecido neural do cérebro se chama córtex. Ele é dividido em hemisfério direito e hemisfério esquerdo por uma fissura, e cada hemisfério é dividido em quatro lóbulos. Nos dois hemisférios, o lóbulo frontal é onde o cérebro integra informações para produzir pensamento e ação. Assim com os outros lóbulos, o lóbulo frontal também é subdividido. Em especial, ele contém o córtex pré-frontal, uma das estrelas deste livro.

Encontrado somente nos mamíferos, o córtex pré-frontal é a estrutura-chave que nos permite ir além da resposta automática aos gatilhos ambientais que implicam o comportamento roteirizado.* Atuando como o "executivo" do cérebro, ele supervisiona o pensamento e as tomadas de decisão identificando objetivos, orientando a atenção e o planejamento, organizando comportamentos, monitorando consequências e administrando as tarefas realizadas por outras áreas do cérebro – papel análogo ao desempenhado pelo diretor de uma empresa.

---

* O cérebro dos pássaros tem uma estrutura semelhante.

A hierarquia prossegue por diversos outros níveis. O córtex pré-frontal, por exemplo, é formado por estruturas menores, como o córtex pré-frontal lateral, avanço evolutivo encontrado apenas nos primatas e do qual falaremos no Capítulo 9. O córtex pré-frontal lateral, por sua vez, é formado por estruturas ainda menores, como o córtex pré-frontal dorsolateral. E essa estrutura, como foi mencionado na Introdução, também é formada por uma dezena de subestruturas.

As estruturas de cada nível são interconectadas de maneira complexa, recebendo informações de umas e fornecendo informações a outras. Também são conectadas a outras estruturas situadas abaixo do córtex, como a substância negra, a área tegmental ventral e o núcleo accumbens do sistema de recompensa. Cada estrutura realiza tarefas que contribuem para o processamento de alto nível desempenhado pelas estruturas maiores de que fazem parte. As colônias de formigas não têm essa organização complexa e hierárquica, não complementam seu processamento de baixo para cima com algum nível de controle de cima para baixo.

Nos seres humanos, o cérebro executivo ajuda a ir além do domínio do comportamento puramente habitual ou automático ao suprimir alguns pensamentos e ativar outros. Quando seu chefe o repreende sem razão, é o seu cérebro executivo que permite que você guarde a raiva para mais tarde, quando estiver espetando alfinetes num boneco vodu. Porém, em sua tentativa de suprimir ideias aparentemente desaconselháveis ou irrelevantes, o cérebro executivo barra o pensamento original. Nos nossos melhores momentos, o cérebro executivo relaxa o suficiente para estabelecer um equilíbrio entre as operações de baixo para cima e as de cima para baixo. É o equilíbrio entre esses dois modos de operação que determina o foco e a amplitude do pensamento.

Essa é a beleza da mente humana. Podemos executar uma interação de processamentos de baixo para cima e de cima para baixo, de pensamento analítico e de pensamento flexível. Dessa mistura, surgem ideias que são organizadas e concentradas em direção a um fim, e muitas dessas ideias não são dedutíveis somente pelos passos lógicos. Nós podemos nos programar, criar novos conceitos e, o melhor de tudo, alterar nossa abordagem até solucionarmos qualquer problema imposto por uma mudança das condições ambientes.

Uma aventura intelectual

Nosso cérebro pode funcionar de cima para baixo ou de baixo para cima, assim como indivíduos e organizações. De todas as atividades intelectuais, a ciência é a que mais funciona de baixo para cima. Jovens cientistas são convidados a participar de grupos de pesquisa, mas têm muita liberdade para seguir suas próprias ideias, em vez de receber ordens de cima para baixo do líder do grupo. Isso é especialmente verdadeiro na física teórica, em que o "custo inicial" de seguir uma nova ideia não é muito maior que o preço de um bloco de anotações. No mundo corporativo, o funcionamento de baixo para cima é raro e limitado, e o pensamento em direção a objetivos costuma ser mais valorizado que o pensamento flexível. Será que as corporações seriam "mais inteligentes" se permitissem maior grau de processamento de baixo para cima?

Um dos executivos que acreditam que a resposta é sim é Nathan Myhrvold, que fundou a empresa Intellectual Ventures (IV). Myhrvold era um recém-formado doutor em física quando trabalhou cerca de um ano sob a orientação de Stephen Hawking. Ele tirou uma licença de verão para começar um negócio com antigos companheiros de colégio. Essa licença se prolongou por dois anos, e depois a empresa foi comprada pela Microsoft.

Myhrvold se deu bem em Seattle, dando início à divisão de pesquisas da Microsoft, onde ficou até 1999. Quanto isso funcionou bem para ele fica claro no intercâmbio que fizemos em seu atual laboratório, perto de Seattle. Ele me mostrou com orgulho um caro jogo de miniaturas de chave de fenda que havia acabado de comprar. "Eu fiquei namorando essa coisa por um bom tempo, pois US$250 é muito dinheiro para se gastar numa ferramenta como essa", explicou. "Mas resolvi que podia me dar um presente. Afinal, eu tenho um jatinho particular."[13]

Quando me disse isso, Myhrvold explodiu numa gargalhada entusiasmada e trovejante. Com pouco mais de cinquenta anos, brincalhão e angelical, com uma compleição rechonchuda, barba encaracolada e cabelos desgrenhados, ele me lembra um Papai Noel relaxando depois de tomar alguns drinques. Mas os duendes desse Papai Noel não fabricam brinquedos. Os cientistas da IV, que ele financiou acionando conexões que fez na Microsoft, trabalham com física nuclear, óptica e ciência da alimentação.

O objetivo da Intellectual Ventures é criar ideias exóticas em que os outros não pensam, que são consideradas ilusórias, para depois licenciá-las. Myhrvold estruturou e desenvolveu a empresa para funcionar como o cérebro humano: um monte de gente interconectada trabalhando junto, com um mínimo de direcionamento vindo de cima. Por isso ela é tão interessante – talvez seja a única corporação com uma direção de baixo para cima.

Como funcionou essa abordagem de baixo para cima? Basta observar os produtos inovadores da IV. Um dos temas recorrentes da empresa é encontrar novos usos para o que é desperdiçado. Um dos projetos tenta transformar a casca dos grãos de café numa farinha sem glúten e comestível que pode ser misturada à farinha comum para ajudar a alimentar os pobres do mundo, empreendimento em parte financiado por Bill Gates, amigo de Myhrvold. A farinha de café seria um grande impulso para os países pobres por duas razões: primeiro, custaria a metade do preço da farinha de trigo, que costuma ser importada. Segundo, impulsionaria muito os lucros dos plantadores de café no mundo em desenvolvimento.

Vamos considerar o café, que custa US$15 cada quinhentos gramas. Isso se traduz em US$5 para os plantadores de café. Mas o custo para plantar esse café é em média US$4,90, e assim eles têm um lucro de apenas US$0,10. A empresa de Myhrvold fica com as cascas dos grãos de café, economizando US$0,05 para os plantadores, e ainda paga US$0,05 adicionais – dobrando assim o lucro dos plantadores – na obtenção da matéria-prima para a farinha de café a um custo baixo, o que torna o produto final muito mais barato que a farinha de trigo. Reprocessar resíduos de café não soa muito sensual, mas seu impacto pode ser enorme. Os plantadores de café geram por ano bilhões de quilos de cascas que são descartadas.

Outro empreendimento da IV que faz as sobrancelhas se levantarem é chamado cerca fotônica, invenção que envolve um laser que pode ser disparado e matar insetos voadores como o sistema de defesa "Star Wars" de Ronald Reagan. Seu objetivo é reduzir a incidência de malária na África, além de impedir o prejuízo imposto pelos insetos alados às colheitas. A cerca fotônica é a quintessência de um exemplo do poder do pensamento flexível, uma integração de ideias de diversas áreas. Primeiro, com os especialistas em mosquitos, os engenheiros da IV aprenderam que, no fim do dia, os insetos voam na direção do pôr do sol, mas depois param e ficam sobrevoando uma mancha escura no chão. Essas áreas funcionam como pontos de paquera para os mosquitos – é onde os machos encontram as fêmeas e se acasalam. Aí entraram os especialistas em óptica, os quais ensinaram uma tecnologia chamada revestimento retrorreflexivo, que reflete a luz diretamente de uma fonte, não importa o ângulo de onde venha. Ao montar uma tela retrorreflexiva perto da área de acasalamento e apontando um laser de baixa potência na tela, os pesquisadores da IV conseguem discernir a forma, o tamanho e a frequência do movimento das asas de qualquer inseto no caminho do raio laser. Isso permite que eles identifiquem as espécies e até o sexo do inseto – o que é importante para combater a malária, pois só as fêmeas são transmissoras da doença. Finalmente, com os especialistas em laser eles aprenderam como mirar um laser de alta potência para um inseto selecionado como alvo. Dessa forma, o aparato pode matar até dez mosquitos por segundo usando apenas a energia de uma lâmpada de sessenta watts.

A IV não produz nenhuma de suas invenções. Seu rendimento vem de compra, venda e licenciamento de patentes como as relacionadas na cerca fotônica. Esse pode ser um tema controverso, pois alguns dizem que patentear ideias como essas no estágio inicial sufoca a inovação. Mas a estratégia da IV está funcionando. A cerca fotônica está em fase de comercialização, a farinha de café já gera receita e a IV tem dado origem a uma empresa por ano em média. Isso é importante, pois demonstra o potencial de aplicar o que aprendemos sobre o processamento de informação na nossa mente à maneira como as pessoas se organizam para atacar os problemas do mundo real em conjunto.

PARTE III

De onde vêm as novas ideias

5. O poder do seu ponto de vista

Uma mudança de paradigma na pipoca

David Wallerstein não é alguém que você pensaria como mestre da inovação.[1] Jovem executivo na discreta cadeia de cinemas Balaban & Katz nos anos 1960, ele passava os dias preocupado com o resultado financeiro do que era, já naquele período, um negócio marginal. Naquela época, como agora, a maior parte da receita do cinema não era gerada pela venda de ingressos, mas pela venda de pipocas salgadas e Coca-Cola para ajudar a engolir. Como qualquer um, Wallerstein concentrou-se no aumento das vendas dessas concessões de alta margem de lucro e, como qualquer um, tentou todos os truques convencionais para ampliar seus lucros: ofertas de dois por um, especiais de matinê etc. O lucro continuava igual.

Wallerstein estava frustrado. Não conseguia entender o que levaria seus clientes a comprar mais. Então, numa tarde, ele teve uma epifania. Talvez as pessoas quisessem mais pipoca, mas não quisessem ser vistas com dois sacos de pipoca. Talvez elas achassem que comprar o segundo saco ia fazê-las parecer glutonas.

Wallerstein resolveu que aumentaria sua lucratividade se conseguisse encontrar uma forma de contornar aquela resistência a comprar o segundo saco de pipoca. Foi fácil: era só vender um saco maior. E assim ele introduziu um novo tamanho de saco de pipoca para os espectadores: o jumbo. Os resultados o surpreenderam. Não só as vendas de pipoca subiram de imediato, como também aumentaram as vendas de um produto altamente lucrativo, a Coca-Cola.

Wallerstein tinha descoberto o que é hoje uma lei básica da indústria alimentícia: as pessoas se empanturram com enormes quantidades de comida se esse "enorme" for o único tamanho da porção oferecida. Segundo a Bíblia, a gula é um pecado, mas parece que as pessoas conferem mais autoridade a um cardápio de restaurante que permite aos gulosos comer uma banana split com oito porções de sorvete.

Os economistas escrevem muitos artigos acadêmicos, em geral partindo da premissa de que as pessoas agem racionalmente, o que na realidade exclui todo mundo, exceto os que têm alguma disfunção cerebral. Wallerstein, por outro lado, descobriu um axioma sobre o *verdadeiro* comportamento humano. Você acha que a indústria alimentícia concedeu a Wallerstein um troféu pela ideia e adotou sua estratégia? Não.

No clássico *A estrutura das revoluções científicas*, Thomas Kuhn escreveu sobre o que chamou de "mudanças de paradigma" na ciência. Trata-se de alterações no pensamento científico que representam mais que avanços incrementais. São alterações da estrutura de pensamento, de um conjunto de conceitos e suposições compartilhados com os quais os cientistas fazem suas teorizações (até a próxima mudança de paradigma). Resolver problemas e tirar conclusões dentro de uma estrutura existente requer uma mistura de pensamento analítico e flexível. Mas o ato de imaginar uma nova estrutura de pensamento depende muito do componente elástico – com características como a imaginação e o pensamento integrativo.

Mudanças de paradigma são peculiares quando deixam para trás muitas pessoas até então bem-sucedidas, pessoas cuja rigidez de pensamento faz com que se atenham a velhas estruturas às quais estão acostumadas, apesar das superlativas evidências da validade da mudança de paradigma. Ou, às vezes, os que não conseguem aceitar uma mudança compõem a vasta maioria, e sua implantação é bloqueada ou atrasada. Esse foi o destino das ideias de Wallerstein.

A perspectiva de Wallerstein sobre venda de petiscos representou uma mudança de paradigma na indústria alimentícia – embora pareça óbvia hoje, foi uma heresia na época. Nos anos 1960, as pessoas não achavam atraente consumir grandes quantidades de comida, e os executivos não conseguiram aceitar a ideia de que aquilo podia ser mudado com um empurrão – que o ato de ter de comprar uma segunda porção é que impedia um consumo desenfreado. Mais ainda, muitos executivos da indústria alimentícia viram a porção maior como uma forma de "desconto", uma atitude que prejudicaria sua postura como marca de qualidade ante a sabedoria convencional. Como resultado, a inovação de Wallerstein não pegou em outras áreas.

Mesmo quando Wallerstein aportou no McDonald's, em meados dos anos 1970, nada mudou – ele não conseguiu convencer Ray Kroc, o fundador do McDonald's, a introduzir uma porção maior de batata frita. "Se as pessoas quiserem mais batatas fritas, elas podem comprar dois sacos", disse Kroc. O McDonald's continuou a resistir, mas acabou adotando a estratégia em 1990. Nessa época, o que veio a ser chamado de supersizing já havia se tornado a nova sabedoria convencional. Mas a indústria alimentícia demorou mais para reconhecer a lei da gula humana que a comunidade da física na adoção da teoria da relatividade. Vista em retrospecto, a adaptação mental a uma estrutura de pensamento em que porções maiores são o padrão parece fácil. Assim como a ideia de biscoitos com pingos de chocolate, depois que alguém os inventou.

A estrutura das revoluções pessoais

Em *A estrutura das revoluções científicas*, Kuhn escreveu que os cientistas se apegam a convicções cotidianas institucionalizadas, que ocasionalmente podem ser alteradas por uma descoberta transformadora. Mas isso também se aplica à nossa vida pessoal. Todos nós desenvolvemos nosso ponto de vista a respeito de temas comuns durante as primeiras décadas de vida ou nos primeiros anos de um novo emprego. Elaboramos uma estrutura para aplicar essas ideias e a utilizamos quando somos chamados a tirar conclusões nessas áreas. Para alguns, tais paradigmas nunca evoluem, mas mudam para os mais afortunados, em geral com passos kuhnianos. Os que se mostram abertos a essas mudanças de paradigmas – para alterar suas atitudes e convicções – contam sempre com uma vantagem na vida, pois estão mais aptos a se adaptar à mudança das circunstâncias. Na sociedade atual, isso é especialmente importante.

Para ajudar minha aptidão a esse respeito, às vezes eu me envolvo num pequeno exercício de flexibilidade mental. Escrevo minhas convicções mais arraigadas em pedacinhos de papel. Depois dobro os papéis e escolho um, imaginando alguém me dizendo que aquela convicção é falsa. Claro que em nenhum momento acho que minha convicção está errada. É exatamente essa a questão: quando meu instinto de rejeitar a noção de que estou errado é questionado, eu me encontro na posição de todos os que, no passado, não conseguiram se adaptar aos confrontos com as ideias que eles também adotavam com toda a firmeza.

É aí que me obrigo a considerar a possibilidade de estar enganado. Por que mantenho essa convicção? Não há outros que não concordam com isso? Será que eu os respeito, ao menos alguns deles? Por que eles teriam chegado a uma conclusão diferente? Tento me lembrar de ocasiões no passado em que eu *estava* enganado sobre alguma coisa, embora confiante de estar certo. Quanto maior o engano, melhor. O processo que me ajuda a entender o ajuste mental a um novo paradigma de pensamento não é tão fácil quanto faz parecer a visão em retrospecto.

O exercício me leva a desafiar a mim mesmo, por exemplo, sobre o problema da imigração. Meus pais emigraram da Polônia "depois da guerra", como se dizia na minha casa. Todos os seus amigos eram também imigrantes e sobreviventes do Holocausto. Quando entrei na escola, eu conseguia distinguir um húngaro de um tchecoslovaco, mas ainda não tinha conhecido um adulto natural dos Estados Unidos. Eu achava normal comer peito de peru no Dia de Ação de Graças e tive de fazer fonoaudiologia porque falava com sotaque polonês, o que meus professores interpretaram erroneamente como distúrbio de fala.

Graças a essa formação, sempre fui a favor de que nosso país aceitasse os pobres e oprimidos, e, se houver espaço, também os ricos e poderosos. Quero garantir aos outros as oportunidades que minha família teve. Sinto raiva dos que pensam o contrário, em especial quando, durante a campanha presidencial de 2016, surgiu a conversa de erguer um muro ao longo da fronteira com o México.

As coisas estavam assim quando, num de meus exercícios de flexibilidade mental, peguei um papelzinho que dizia: *Os que apoiam a construção de um muro com o México são do mal.* Lembro-me de ter revirado os olhos – não havia como estar errado a respeito dessa questão. Porém, com diligência, vesti meu boné de cientista e tentei examinar o argumento do muro como se fosse uma questão científica, desprovida de importância humana. Comecei ponderando sobre todos os debates acerca da contribuição dos imigrantes e da eficácia e do custo de um muro. Mas logo decidi que esses eram temas colaterais. Minha convicção não estava baseada em tais dados, mas no meu sentimento de que o muro seria uma afronta ao que eu desejava que o país representasse.

O que todas essas pessoas do mal do "outro lado" diziam a respeito? Comecei a assistir à Fox News para descobrir. Concluí qual era a lógica básica deles, quase escondida em todo aquele ruído: nós temos leis sobre imigração. Se não gostamos delas, devemos mudá-las, mas enquanto as tivermos, e se elas são ineficientes, faz sentido considerar novas maneiras de reforçá-las. Percebi que se você considerar essa lógica coerente, isso não significa necessariamente que você seja um tipo que chuta cachorros ou arranca asas de moscas.

Em geral fazemos avaliações rápidas nos baseando nas pressuposições dos paradigmas que seguimos. Quando as pessoas discordam da nossa avaliação, tendemos a reagir. Seja qual for nossa convicção política, quanto mais debatemos com outras pessoas, maior a possibilidade de se cavar um fosso entre nós, e às vezes fazemos dos discordantes vilões. Então reforçamos nossas ideias pregando para o coro – os nossos amigos. Mas a flexibilidade mental para considerar teorias que contradizem nossas convicções e não se encaixam nos nossos paradigmas correntes não serve apenas para nos tornar gênios da ciência; também é benéfica para a vida cotidiana.

No mundo dos negócios, aceitar desafios às velhas práticas é igualmente importante, pois as indústrias estão evoluindo depressa. A Apple, por exemplo, é uma corporação que fabrica e vende produtos. Consequentemente, é classificada pelo governo dos Estados Unidos como empresa manufatureira. Mas essa classificação se baseia no que se tornou uma forma obsoleta de pensamento. Pois apesar de a empresa obter a maior parte de sua receita com a venda de produtos físicos, quase todos os produtos da Apple são fabricados por terceiros.[2] Ao adotar o modelo do século XXI, a Apple evita investir em fábricas e está mais bem posicionada para mudar rapidamente de direção, levando vantagem sobre uma concorrência com o olhar menos voltado para o futuro.

Ou consideremos a Nike. A empresa ruma para o que, até recentemente, parecia um método de fabricação de ficção científica: impressão em 3-D. Dentro da empresa eles chamam essa iniciativa de "revolução da manufatura". Com uma parceria com a HP em 2016, a Nike já utilizou a tecnologia para fazer protótipos de novos modelos. E está de olho num futuro em que a impressão e a tecelagem em 3-D se combinem para criar calçados na hora e feitos segundo as medidas exatas dos pés de cada um.[3] Assim como a Apple, a Nike apresenta um desafio existencial a qualquer concorrente que siga o velho princípio de que não se devem questionar suposições e metodologias que tiveram sucesso no passado.

Reimaginando nossas estruturas de pensamento

Sempre fiquei surpreso de ver como os católicos ficam calados durante a missa. Nós judeus gostamos de falar. Por isso, nas sinagogas, o rabino ou rabina quase sempre se vê obrigado a esmurrar o púlpito para diminuir o barulho. Certa vez, durante um sermão, o rabino disse o seguinte:

> Se vocês me perguntarem se é aceitável socializar com seus vizinhos enquanto rezam, eu responderei que preferiria que não fizessem isso. Vocês estão aqui para rezar, e seus gracejos tiram a concentração, quando não são desrespeitosos. Mas se vocês me perguntassem se tudo bem ir à sinagoga para rezar enquanto socializam com os amigos, eu responderia: "Certamente! Nós sempre ficamos felizes em receber vocês."

Depois emendou com uma longa discussão sobre princípios talmúdicos, o tipo de dissecação microscópica de temas com que a gente se acostuma quando frequenta a sinagoga. Para mim, a questão era que a maneira como um tema é abordado tem profunda influência sobre os resultados da análise.

Considere essas provocações intelectuais de um estudo feito em 2015 pelo *The Journal of Problem Solving*. Para solucioná-las, você terá de questionar seus pressupostos e alterar sua estrutura de pensamento, como Wallerstein. Se você gosta de charadas, faça uma tentativa:

1. Um homem está lendo um livro quando a luz se apaga, mas mesmo com a sala no escuro total o homem continua a ler. Como? (O livro não estava em formato eletrônico.)
2. Um mágico afirma ser capaz de atirar uma bola de pingue-pongue de forma que ela percorra uma curta distância, pare e depois volte. Ele acrescenta que consegue isso sem a bola quicar em nenhum objeto, sem amarrar a bola e sem usar qualquer efeito. Como ele realiza essa façanha?
3. Duas mães e duas filhas estavam pescando. Conseguiram pescar um peixe grande, um peixe pequeno e um peixe gordo. Se só pescaram três peixes, como é possível cada uma delas ficar com um peixe?
4. Marsha e Marjorie nasceram no mesmo dia do mesmo mês e do mesmo ano, da mesma mãe e do mesmo pai – mas não são gêmeas. Como isso é possível?[4]

No estudo que citei, todas essas charadas foram resolvidas, na média, por menos da metade dos submetidos a elas. Como você se saiu?

A razão da dificuldade das charadas é que todas sugerem certa imagem na cabeça das pessoas:

1. Um homem olhando para um livro.
2. Um homem jogando uma bola de pingue-pongue sobre uma mesa ou no chão.
3. Um grupo de quatro mulheres.
4. Duas gêmeas, Marsha e Marjorie.

Essas imagens determinam nossa estrutura de pensamento quando tentamos descobrir as respostas. Enquanto continuarmos fixados nelas, as ideias que nosso cérebro associativo passa à nossa consciência serão coerentes com elas. Mas essas imagens são interpretações incorretas das circunstâncias descritas pelas charadas. Para solucionar os problemas, essas preconcepções devem ser abandonadas.

O que torna as charadas tão difíceis é o fato de serem formuladas de propósito para evocar automaticamente a interpretação errada, com pouca ou nenhuma consideração consciente. É a interpretação do nosso cérebro, baseado na experiência passada, que julga ser mais apropriada uma suposição oculta que fazemos sem pensar – mas é uma imagem incoerente com a situação nova apresentada pela charada. Como muitos problemas desafiadores, as charadas são dificultadas não pelo que não sabemos, mas pelo que *sabemos* – ou achamos que sabemos –, o que acaba sendo incorreto.

Vamos considerar a primeira charada. Na grande maioria das circunstâncias que conhecemos, um homem que estiver lendo um livro está olhando para suas páginas. Mas embora este seja um dos cenários possíveis descrito pela charada, como logo veremos, existe outra possibilidade, e perceber isso e abandonar a imagem inicial é a chave do sucesso. É semelhante à dinâmica das mudanças de paradigma nos negócios e na ciência. Nessas áreas, a mudança das circunstâncias invalida suposições tão arraigadas que as pessoas não as questionam, ou têm problemas para aceitá-las quando não mais se mantêm de pé. Os que se dão bem são aqueles que percebem isso e conseguem revisar sua compreensão da situação.

Eis aqui a solução para as charadas. Na primeira, o homem não precisava de luz para ler porque era cego e estava lendo o livro em braile. Na segunda, o mágico jogou a bola para cima, não horizontalmente, por isso seu movimento foi revertido pela gravidade, não por uma colisão com o chão, uma mesa ou uma parede. Na terceira, só três peixes foram pescados porque as duas mães e as duas filhas consistiam de apenas três mulheres – uma garota, a mãe dela e a avó. E na quarta, Marsha e Marjorie não representam a prole inteira – elas não eram gêmeas, eram trigêmeas.

Nós nos defrontamos com muitos desafios na vida. Sabemos como lidar com alguns porque já trombamos com eles antes. Outros são novos, mas podem ser superados de pronto com o pensamento analítico. Mas alguns problemas resistem às nossas tentativas de solucioná-los. Com frequência, como nessas charadas, isso acontece por não existir uma solução dentro da estrutura em que as pessoas pensam nelas – mas podemos encontrar uma solução se adotarmos um novo ponto de vista.

Quando falamos sobre triunfos do intelecto, tendemos a nos concentrar no brilho do pensamento analítico, o tipo de pensamento produzido pelo poder da lógica. Mas raramente consideramos a contribuição resultante de repensarmos a estrutura em que nossos pensamentos ocorrem, os termos com que nossa mente define a questão a ser considerada. Isso é produto do pensamento flexível, uma tarefa que exige aquela capacidade esponjosa chamada "julgamento". É difícil automatizar novas representações, e a maioria dos animais tem problemas em fazer isso, mas essa costuma ser a chave para saber como solucionar problemas no mundo humano.

O problema do cachorro e do osso

Na era atual, questões que exigem a alteração de nossa estrutura de pensamento são mais comuns que nunca. É o que chamamos de mudanças disruptivas – mudanças que exigem novos paradigmas e diferentes formas de pensamento. Os psicólogos chamam de "reestruturação" o processo de alterar a estrutura de pensamento com que analisamos uma questão. Essa operação básica da nossa mente em geral representa a diferença entre encontrar uma resposta e chegar a um impasse. Ou, quando você chegou a esse impasse, a reestruturação costuma ser a única forma de superá-lo. Hoje, quando os pressupostos do passado estão se tornando obsoletos num ritmo vertiginoso, a capacidade de reestruturar o pensamento é cada vez menos uma exigência para realizações de destaque e cada vez mais simplesmente uma questão de sobrevivência.

O cientista da computação Douglas Hofstadter ilustra a importância da reestruturação com o que chama de "problema do cachorro e do osso".[5] Imagine que você é um cachorro e um homem acabou de lhe jogar um osso, mas ele caiu no quintal do vizinho, do outro lado de uma treliça de ferro de três metros de altura. Atrás de você há um portão aberto; à sua frente, um delicioso petisco. Sua boca saliva ao olhar para o osso, mas como chegar até ele?

A não ser que tenham encontrado esse problema antes, a maioria dos cachorros vai representar a situação num sentido estritamente geográfico. Fazendo um mapa interno da própria localização e a do osso; eles não fazem ideia da distância nesse mapa; e têm como objetivo se movimentar para reduzir a distância. O cachorro pode começar a dez metros do osso. Ao se mover em direção a ele, essa distância diminui, e o cachorro conclui a partir de sua programação inata que terá alcançado a meta quando a distância chegar a zero.

Um cachorro – ou um robô – com esse programa vai correr na direção do osso até esbarrar na cerca, e nesse ponto chegará a um impasse. A distância até o osso pode ter se reduzido a poucos centímetros, mas não diminuirá mais. Alguns cachorros ficarão olhando para o osso e latindo, frustrados, ou vão virar de patas para o ar esperando que você lhes afague a barriga. Outros, dotados do conceito de escavar como forma de passar por baixo de obstáculos, tentarão fazer exatamente isso. Mas alguns cachorros mais inteligentes são dotados de elasticidade mental suficiente para mudar a estrutura pela qual pensam a situação: vão perceber que a distância física do osso não é a mesma que sua distância do objetivo.

Diante da cerca, esses cachorros percebem que, embora estejam somente a alguns centímetros do osso, estão longe de conseguir alcançá-lo. E por isso vão mudar a noção de distância que empregam para o propósito desse problema. Vão entender que, apesar de estar fisicamente perto do osso, o portão aberto está mais perto do osso do que eles, no sentido da realização de seu objetivo. Então, em vez de empregar a distância geométrica literal para aferir o processo, usarão uma definição de distância que os cientistas cognitivos chamam de "espaço do problema".

Nesse caso, a distância no espaço do problema é a distância *ao longo do caminho que os levará até o osso.* No espaço do problema, se começar a se mover na direção do osso, o cachorro estará aumentando a distância até seu objetivo; mas se andar na direção do portão aberto, estará diminuindo a distância. E os cachorros que criarem essa nova estrutura vão correr para o portão aberto.

Assim que é estruturado de forma adequada, o problema do cachorro e do osso é fácil de solucionar. Mas perceber a necessidade de uma nova estrutura, e criar essa nova estrutura, exige pensamento ágil. O pensamento eficiente em geral se reduz a isso – à capacidade de reestruturar o enquadramento do pensamento acerca de fatos e questões. E assim o problema do cachorro e do osso, embora simples, separa os pensadores dos não pensadores, os homens e cachorros inteligentes dos computadores que jogam xadrez.

Como os matemáticos pensam

Se existe um campo cujo elemento vital é a reestruturação, e que por isso pode nos ensinar muito sobre inovação e pensamento criativo, é a matemática. A maioria de nós não faz ideia de como os matemáticos pensam, mas podemos aprender um bocado de sua habilidade para criar estruturas alternativas a fim de resolver problemas difíceis.

Considere este problema, que realmente é um problema matemático, mas disfarçado como charada do dia a dia. Você tem um tabuleiro de xadrez de oito quadrados por oito e 32 dominós. Cada dominó pode cobrir dois quadrados adjacentes, na horizontal ou na vertical, e é fácil ver como se pode distribuí-los de forma a preencher os 64 quadrados. Agora imagine que você descartou um dominó e removeu dois quadrados de dois cantos diagonalmente opostos. Você consegue preencher os 62 quadrados restantes com 31 dominós? Seja qual for sua resposta, sim ou não, explique como você sabe. Nenhum dominó pode ficar fora dos limites do tabuleiro.

Ao ver-se diante desse problema, a maioria das pessoas tenta diversos arranjos dos dominós e depois, quando não consegue, suspeita que é impossível preencher todo o tabuleiro.[6] Mas como provar? Tentar uma configuração errada atrás da outra não adianta, pois são muitas as possibilidades.

O enigma do "tabuleiro de xadrez mutilado" é uma espécie de problema do cachorro e do osso em escala humana. Não há uma resposta fácil, mas envolve observar a questão com uma nova estrutura, abordando-a de uma forma que descarte as tentativas literais de preencher o tabuleiro e formular o problema de nova maneira. Como?

A fórmula é a seguinte: em vez de enquadrar o problema como uma busca através do "espaço" de maneiras de preencher o tabuleiro com dominós, enquadrar o problema em termos de uma busca pelo espaço de "leis" que regem a disposição dos dominós no tabuleiro. Claro que primeiro você terá de formular essas leis. Aqui está uma delas: *cada dominó cobre dois quadrados*. Você consegue pensar em algumas outras? Assim que identificar todas as leis em que conseguir pensar – não são muitas –, veja a questão da possibilidade de preencher todo o tabuleiro mutilado no contexto dessas leis. Você vai descobrir que há uma lei que teria de ser violada para preencher todo o tabuleiro mutilado, e por isso a resposta é não, não é possível.

Se você pensou na seguinte lei, provavelmente resolveu o problema: *como cada dominó cobre dois quadrados adjacentes, cada dominó, quando colocado no tabuleiro, cobre um quadrado preto e um quadrado branco.* Essa lei demonstra que não há como colocar dominós no tabuleiro de forma a preencher um número desigual de quadrados pretos e brancos. O tabuleiro de xadrez completo tem um número igual de quadrados brancos e pretos, por isso essa lei não impede que você o preencha com os dominós. Mas o tabuleiro mutilado, com a remoção de dois cantos opostos, tem 32 quadrados brancos e 30 quadrados pretos (ou vice-versa), e portanto a lei nos diz que não há como preenchê-lo por inteiro.

Os anais da matemática, e muitas das soluções de problemas em todos os campos, podem ser vistos como uma incansável série de ataques a estruturas indefesas, utilizando a arma da reestruturação. Aqui vai um exemplo da matemática real: qual é a solução da equação $x^2 = -1$? Como o quadrado de qualquer número é um número positivo, pedir que alguém resolva esse problema é como dizer: "Você tem um quilo de farinha e uma cenoura. Como preparar um ensopado de carne?" Durante séculos, os matemáticos supuseram que não havia resposta. Mas todos estavam trabalhando dentro da estrutura da matemática normal, que hoje chamamos de "números reais".

No século XVI, o matemático italiano Rafael Bombelli percebeu que o fato de a raiz quadrada de −1 não ser, digamos, um número que podemos contar nos dedos não quer dizer que seja um número que não possa ser útil na nossa mente. Afinal, nós usamos números negativos, e eles não correspondem a um número de dedos ou a qualquer quantidade física. Quinhentos anos atrás, essa foi a grande reestruturação de Bombelli: ver os números como abstrações que obedecem a regras, não como unidades concretas. E assim ele questionou se não haveria alguma estrutura matemática de números legítima que permitisse a raiz quadrada de −1, sem considerar que tais números pudessem ser usados para contar ou medir coisas.[7]

Bombelli explorou a questão dizendo: vamos supor que tal número *exista*. Isso leva a alguma contradição lógica? E se não, quais seriam as propriedades desse número? Ele descobriu que um número que correspondesse à equação $x^2 = -1$ *não* levaria a nenhuma contradição lógica, e conseguiu entender algumas de suas novas propriedades. Hoje nós escrevemos os números de Bombelli como i, e os chamamos de números *imaginários*.

Os números imaginários são a pedra angular de muitos campos da matemática e têm um papel crucial na maior parte da física. Por exemplo, são a maneira natural de descrever fenômenos ondulatórios; assim, sem números imaginários, provavelmente não teríamos nenhuma teoria quântica e, portanto, nada de eletrônica – nem o mundo moderno como o conhecemos.

Números imaginários são ensinados como matemática elementar. Estudantes do último ano do ensino médio não têm problema em aprender o que a maioria dos estudiosos medievais não conseguia conceber e muitos nem podiam aceitar porque, como a ideia do tamanho jumbo, contradizia o paradigma do pensamento convencional.

A influência da cultura

As histórias de Wallerstein e de Bombelli não poderiam ser mais diferentes, mas ambas ilustram que uma importante influência da nossa capacidade de chegar a novas representações vem de fora de nós – de nossas normas profissionais, sociais e culturais. Podem ser as normas da nossa família, de nossos pares, de nosso país ou etnia, da nossa especialidade ou até da empresa específica em que trabalhamos. Tendemos a pensar que a cultura nacional ou étnica exerce a maior influência no pensamento individual, mas se você conhecer algum matemático, provavelmente ele vai pensar bem diferente dos advogados que você conhece, que pensam bem diferente dos cozinheiros, contadores, detetives de polícia e poetas que você conhece, e essas diferenças podem ser muito grandes.

Seja qual for sua fonte, a influência da cultura é tão forte que chega a afetar até a nossa percepção de objetos físicos.[8] Vamos considerar um recente estudo do psicólogo Shinobu Kitayama e colegas, da Universidade de Michigan, que investigou as diferenças como euro-americanos e nipo-americanos percebem simples figuras geométricas.

A cultura está para um grupo assim como a personalidade está para um indivíduo. Os psicólogos descobriram que a cultura europeia enfatiza a independência e o pensamento literal, enquanto a cultura japonesa é mais comunitária e enfatiza situação e contexto. Para investigar as consequências cognitivas dessas diferenças, num conjunto de experimentos, Kitayama mostrou a seus sujeitos uma caixa-"padrão" desenhada numa folha de papel, com um segmento de linha com exatamente um terço da altura da caixa traçado na vertical a partir da borda superior, como na ilustração.

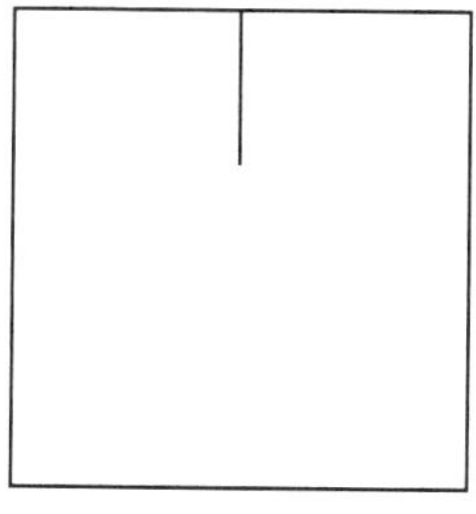

Os participantes da experiência também receberam folhas de papel com uma caixa semelhante desenhada. Essa caixa era de *tamanho diferente* da caixa-padrão e não tinha *nenhuma linha* pendendo do alto.

Cada indivíduo recebeu um lápis e foi orientado a replicar a linha vertical da caixa-padrão na própria caixa. A alguns foi pedido que desenhassem uma linha do mesmo *comprimento* da caixa-padrão; a outros foi pedido que desenhassem uma linha da mesma *proporção* (um terço da altura) da caixa. Os dois pedidos se diferenciavam de forma essencial. No primeiro, a caixa podia ser ignorada, enquanto no último a relação entre a caixa e a linha era muito importante.

Os pesquisadores elaboraram o estudo em torno dessa diferença porque a caixa é o contexto para a linha, e contexto é o elemento mais enfatizado na cultura japonesa. Kitayama previu, assim, que os japoneses se sairiam melhor que os europeus na questão da proporção, mas não quanto a traçar a linha no mesmo comprimento – e foi exatamente o que o experimento provou.

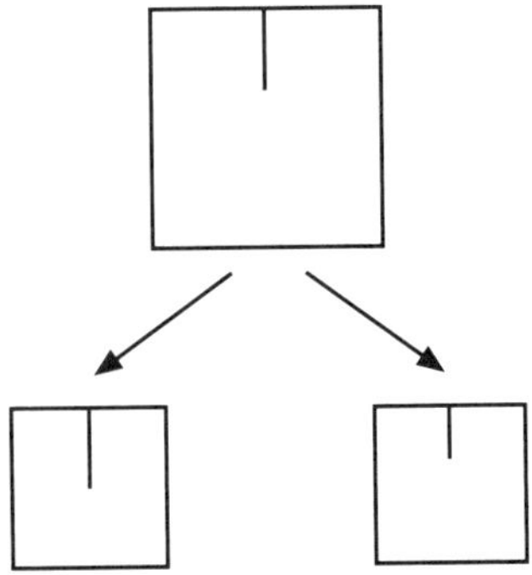

Caixas de Kitayama. Esquerda: o comprimento da linha corresponde ao original. Direita: a proporção da linha corresponde à original.

O estudo de Kitayama pesquisou como as pessoas pensam dentro da instalação artificial de um laboratório, mas diferenças culturais tão marcantes quanto a percepção física devem afetar profundamente a maneira como diferentes pessoas abordam problemas nas respectivas sociedades. Então os sociólogos perguntaram: será que a cultura afeta o nível de inovação de uma sociedade? Se afetar, o índice relativo dos países em termos de inovação deveria ser estável ao longo do tempo, refletindo a cultura subjacente de cada sociedade.

Na página seguinte, a primeira tabela mostra os resultados de um estudo que abordou essa questão. Classifica os Estados Unidos e treze países europeus de comparável riqueza em relação ao número de invenções patenteadas per capita de 1971 a 1980.[9] E mostra que a maioria manteve a mesma classificação durante a década toda.

O resultado do estudo não foi casual. Por exemplo, a segunda tabela mostra posições obtidas por outros pesquisadores, e num outro período, 1995-2005. Nesse estudo, só foi analisada uma subclasse de invenções, por isso as duas tabelas não são comparáveis diretamente, mas o importante é que as colocações são semelhantes, e também estáveis ao longo do tempo.

Nossa cultura pode proporcionar uma abordagem de questões que nos ajudarão a ver soluções, mas também pode ser um empecilho.[10] Se resultar numa abordagem de problemas profundamente arraigada, uma forte identidade cultural pode dificultar uma mudança de abordagem, mesmo se não estiver funcionando. Em contrapartida, expor-se a outras culturas é benéfico, pois os que são criados, ou trabalham, com diferentes culturas mostram que a simples interação com esses povos pode ampliar as perspectivas e aumentar nossa flexibilidade de pensamento. A perspectiva mais ampla de tais exposições nos torna mais propensos a romper nossos velhos padrões e

	Classificação em 1971	Classificação em 1980	Mudança em dez anos
Suíça	1	1	0
Suécia	2	2	0
Estados Unidos	3	3	0
França	4	7	−3
Grã-Bretanha	5	6	−1
Áustria	6	4	2
Bélgica	7	10	−3
Alemanha	8	5	3
Noruega	9	9	0
Finlândia	10	8	2
Espanha	11	11	0
Dinamarca	12	12	0
Holanda	13	13	0
Portugal	14	14	0

	Classificação em 1995	Classificação em 2005	Mudança em dez anos
Suíça	1	1	0
Suécia	2	2	0
Finlândia	3	6	−3
Alemanha	4	3	1
Holanda	5	4	1
Estados Unidos	6	5	1
Bélgica	7	10	−3
Dinamarca	8	7	1
França	9	9	0
Áustria	10	8	2
Grã-Bretanha	11	11	0
Noruega	12	12	0
Irlanda	13	13	0
Espanha	14	14	0
Portugal	15	15	0

nos libertar de modelos de pensamentos rígidos que podem nos atrasar.[11]

No entanto, se precisarmos de uma nova estrutura para moldar nosso pensamento, ou se pudermos encontrar a solução dentro da nossa estrutura de pensamento, de onde vêm as ideias que procuramos? Como explica o próximo capítulo, o processo de geração de ideias está assentado no fundo da nossa mente inconsciente e se torna mais ativo quando nossos processos conscientes de pensamento analítico estão em repouso.

6. Pensar quando você não está pensando

O Plano B da natureza

Deitada em sua cama na aldeia de Cologny, perto do lago Genebra, na Suíça, Mary Godwin sentia-se frustrada.[1] Passava das duas da manhã, mais uma triste noite de um triste e chuvoso mês de junho. O aguaceiro incessante não era novidade para ela. Tinha sido criada em Londres e também passara um tempo considerável na Escócia. Mas, naquela noite, a melancolia do clima refletia seu estado de espírito.

Mary, uma mulher elegante e de pele clara, com cabelos avermelhados e olhos cor de avelã, estava sendo dura consigo mesma. O ano era o de 1816 e ela só tinha dezoito anos. Passava o verão na Suíça com sua meia-irmã, amigos e o namorado. Tarde da noite, durante uma tempestade especialmente violenta, todos se reuniram ao redor da lareira para ler em voz alta um livro de histórias de fantasmas, e depois resolveram que cada qual escreveria uma história.

Na noite seguinte, todos tinham escrito sua história, menos Mary. Dias se passaram. Os outros continuavam a perguntar: "Você já pensou na história?" E ela continuava a responder com "uma mortificante negativa". Começou a achar que não merecia a companhia do namorado e de seus amigos intelectuais. As inseguranças só alimentavam sua frustração.

Os amigos de Mary continuavam suas especulações madrugada adentro, e na noite em questão eles falaram sobre a "natureza e o princípio da vida". Ponderaram sobre os experimentos de Erasmus Darwin, nos quais ele supostamente havia "preservado um pedaço de aletria numa caixa de vidro até que, por meios extraordinários, a massa começou a se agitar com movimentos voluntários". Ao ler essas palavras, minha reação foi de que sobras como aquela são normais em qualquer casa. Mas tratava-se de um grupo de intelectuais, e eles cogitaram: *Será que a vida pode ser criada de forma tão simples? Por qual força?* Em algum momento por volta da meia-noite todos foram dormir – isto é, todos menos Mary, que ficou na cama olhando para o teto. Não conseguia conciliar o sono, mas fechou os olhos e resolveu manter a cabeça vazia. Estava na hora de dar um tempo naquele esforço de criar sua história.

Foi enquanto se encontrava naquele estado de mente "relaxada" que de repente ocorreu a Mary o esboço da história que vinha procurando. Talvez inspirada pela noite de especulações, ela lembrou que "minha imaginação, espontaneamente, me possuiu e me orientou". Mary disse: "Eu vi… com os olhos fechados, mas com uma acurada visão mental, … um pálido estudante de arte ajoelhando-se ao lado da coisa que havia juntado." Mary Godwin – que se tornaria Mary Shelley depois de se casar com o namorado – teve a visão que em 1818 levaria a seu livro *Frankenstein ou O Prometeu moderno.*

Qualquer criação começa a despontar como um desafio, assim como qualquer resposta começa com uma pergunta. Como vimos no Capítulo 3, há muito em comum entre o desejo de pintar uma tela, solucionar um problema, inventar um dispositivo, produzir um plano de negócio ou demonstrar uma questão de física. O que esses empreendimentos têm em comum é que, se resistirmos ao mesmo desconforto intenso e à frustração sentidos por Mary Shelley, uma ideia pode surgir de repente do fundo recôndito da nossa mente elástica.

O pensamento flexível que produz ideias não consiste numa sequência de pensamentos lineares, como acontece com o pensamento analítico. Às vezes grandes e às vezes inconsequentes, às vezes em grupo e às vezes solitárias, nossas ideias parecem surgir do nada. Mas as ideias não vêm do nada; elas são produzidas pela mente inconsciente.

Para Mary, o modo de pensamento que a levou à sua rudimentar, porém inspirada, visão de *Frankenstein* foi envolvido por magia e mistério. Como aconteceu de aquela história, cuja criação vinha tentando havia dias, surgir enquanto ela estava na cama pensando sobre nada em especial?

Antes do advento da neurociência, e da tecnologia que tornou possível a neurociência, era extremamente difícil compreender como um devaneio ou uma mente divagadora poderiam produzir respostas quando nosso empenho consciente havia fracassado. Mas hoje sabemos que um cérebro aquietado não é um cérebro ocioso, que nosso inconsciente transborda de atividade nesses períodos de paz do pensamento. Hoje, duzentos anos depois do nascimento de *Frankenstein*, medimos e monitoramos as bases dessa atividade. Agora entendemos que, embora pareça magia, pensar enquanto não estamos conscientemente concentrados é um aspecto fundamental do cérebro dos mamíferos, presente mesmo em roedores inferiores e primitivos. Conhecido como *modo default* de processamento do cérebro, é um curso mental básico no pensamento flexível.[2]

A energia escura do cérebro

Marcus Raichle chama o que vem estudando durante os últimos vinte anos de "energia escura". Em astrofísica, o termo *energia escura* se refere a algo misterioso que permeia todo o espaço e compõe dois terços de toda a energia do Universo, mas que é invisível na vida cotidiana. Como resultado, continuou sem ser notada durante séculos de física e astronomia, até ser descoberta por acidente no final dos anos 1990. Mas Raichle é neurocientista, não astrônomo, e a energia que vem estudando é a "energia escura" do cérebro – a energia do modo default do cérebro.

A analogia é apropriada porque, assim como a energia escura da astrofísica, a energia escura do modo default é uma espécie de energia de "fundo" – é a energia que surge do fundo da atividade cerebral. E também, apesar de ser substancial, ficou muito tempo invisível para nós, pois o modo default não é ativado durante a atividade cotidiana. Esse modo se torna ativo quando o cérebro executivo não está dirigindo nossos processos de pensamento analítico para alguma coisa em particular.

Atualmente vivemos uma explosão de pesquisas sobre o modo default, resultado de uma série de artigos escritos por Raichle alguns anos atrás, em seu trabalho sobre a questão, em 2001.[3] Enquanto escrevo, seu artigo inicial já foi citado mais de 7 mil vezes – numa média de mais de um novo artigo científico sobre o assunto por dia, cada qual produto de meses ou anos de trabalho. No entanto, como muitas descobertas científicas, o conceito do modo default já nadava oculto no grande mar de ideias científicas muito antes de ter sido redescoberto por Raichle e publicado no artigo que alcançou o nível de preeminência atual.

A história começa em 1897, quando um recém-formado de 23 anos assumiu um cargo na clínica psiquiátrica da Universidade de Jena, na Alemanha.[4] Sua especialidade era neuropsiquiatria. Com raízes no trabalho de Thomas Willis, no século XVII, tratava-se de um estudo sobre como é possível relacionar doenças mentais a processos específicos do cérebro. Em 1897, a única maneira de observar esses processos era abrir o crânio com um serrote, e por isso as pessoas não se mostravam muito entusiasmadas com esse campo. Mas, nos 41 anos seguintes, o jovem psiquiatra mudaria o panorama com seu trabalho em Jena, criando a primeira grande ferramenta tecnológica da neurociência.

Os colegas de Hans Berger o definiam como tímido, reticente, inibido, sorumbático, detalhista e com um grande senso de autocrítica. Um deles disse que ele era "obviamente orgulhoso de seus instrumentos e aparatos físicos, e às vezes tinha medo dos pacientes".[5] Outro, que depois seria um dos sujeitos dos experimentos de Berger, disse que ele nunca "dava qualquer passo que não estivesse de acordo com sua rotina. Seus dias eram iguais uns aos outros como duas gotas d'água. Ano após ano ele realizava as mesmas palestras. Era a personificação do estático".[6]

Mas Berger tinha uma vida interior secreta e audaciosa. Em seu diário, fazia especulações científicas exóticas e heterodoxas, entremeadas por poesia original e reflexões místicas. Em sua pesquisa, que mantinha em segredo quase absoluto, ele buscava ideias científicas chocantes para a época. Uma delas estava relacionada a uma experiência que viveu quando tinha vinte anos, enquanto servia no Exército.

Durante um treinamento, Berger foi arremessado do cavalo e escapou da morte por pouco. Naquela mesma noite, ele recebeu um telegrama do pai – o primeiro que recebia de qualquer membro da família – perguntando sobre sua saúde. Como ele soube mais tarde, sua irmã, que vivia longe, tinha pedido ao pai que entrasse em contato com ele, pois naquela manhã havia sido assolada por um súbito ataque de medo quanto à segurança do irmão. A confluência de acontecimentos convenceu Berger de que, de alguma forma, seu terror fora comunicado à irmã. Como escreveu muitos anos depois: "Foi um caso de telepatia espontânea, em que, num momento de perigo mortal, como ao contemplar a própria morte, eu transmiti meus pensamentos, enquanto minha irmã, que era especialmente próxima a mim, atuou como receptor."[7] Depois disso, Berger ficou obcecado em tentar entender como a energia do pensamento humano se transmitiria de uma pessoa a outra.

Hoje o conceito de telepatia mental soa como algo não científico, pois já foi minuciosamente investigado e desacreditado; na época de Berger, no entanto, as evidências em contrário eram muito mais tênues. De qualquer forma, o que define o valor de uma investigação na ciência não é o que está sendo investigado, mas o cuidado e a inteligência com que a pesquisa é conduzida. Berger orientou suas pesquisas com o mesmo estrito rigor científico que seus colegas sempre lhe atribuíram. Mas para levar esse rigor a uma compreensão das transformações da energia no sistema nervoso, e correlacioná-las com a experiência mental, ele teve de encontrar uma forma de medir a energia do cérebro.

Embora ninguém jamais tivesse tentado abordar o problema, Berger teve uma ideia brilhante sobre como fazer isso. Inspirado no trabalho do fisiologista italiano Angelo Mosso, ele deduziu que, como o metabolismo requer oxigênio, ele poderia medir o fluxo sanguíneo como um substituto da energia. Esse princípio estava quase cem anos adiante de seu tempo – é a chave para a tecnologia de imagem por ressonância magnética funcional (fMRI, na sigla em inglês) que ajudou a iniciar a revolução da neurociência nos anos 1990. Claro que a fMRI depende de grandes ímãs supercondutores, computadores potentes e um projeto teórico baseado na teoria quântica, e nada disso estava disponível quando Berger começou suas pesquisas, no início do século XX. Tudo o que ele tinha para trabalhar eram itens do tipo que se pode encontrar hoje num laboratório de física do ensino médio mais um serrote. Como observar o fluxo sanguíneo no cérebro só com isso?

A resposta é meio repulsiva, mas foi aí que Berger teve sorte: a clínica em Jena onde trabalhava o colocava em contato com pacientes que, em decorrência de um tumor ou, com frequência, de algum acidente equestre, *precisavam* ter um pedaço do crânio removido no decorrer do tratamento. O teto de um homem pode ser o piso de outro, mas aqui a "craniectomia" de um homem foi uma janela para o cérebro de outro homem.

O primeiro sujeito experimental de Berger foi um operário de 23 anos com um orifício de oito centímetros no crânio, resultado de duas tentativas cirúrgicas de remover uma bala ali alojada. Apesar de sofrer de ataques intermitentes, o homem não fora afetado em termos cognitivos. Com a permissão do homem, Berger construiu uma pequena bexiga de borracha, encheu-a de água e fixou-a perfeitamente no orifício da cabeça do paciente. Conectou a bexiga a um dispositivo projetado para registrar mudanças de volume – quando o sangue fluía para a área do cérebro abaixo da bexiga, o pequeno inchaço do cérebro a comprimia.

Berger pedia ao paciente que realizasse tarefas simples, como cálculos aritméticos, contar as manchas da parede à sua frente e prever quando uma pena roçaria seu ouvido. Berger chamou os pensamentos exigidos para essas tarefas de "concentração voluntária" e mediu o fluxo sanguíneo do cérebro enquanto o paciente as realizava. Também mediu o fluxo atribuível à "atenção involuntária". Seu protocolo para esse procedimento não era inócuo: ele ficava atrás do inadvertido sujeito e disparava uma arma.

Se o campo da neuropsiquiatria tinha um código de ética naquela época, os critérios deviam ser bem flexíveis. Além de serem difíceis para os pacientes, os experimentos de Berger viviam sofrendo problemas técnicos. Ao longo dos anos, eles resultaram em algumas publicações – como um livro de 1910, *Investigations on the Temperature of the Brain*, no qual o autor argumentava que a energia química do cérebro pode ser convertida em calor, trabalho e "energia física" elétrica. Mas suas conclusões – e seus dados – eram fracas, o que o deixou assolado por dúvidas e lutando contra a depressão.

Em 1920 Berger ficou mais ousado. Passou a explorar a função do cérebro inserindo um eletrodo no crânio do paciente para acionar uma corrente elétrica. O plano era correlacionar a geografia do cérebro com o que o sujeito sentia quando diversas locações corticais eram estimuladas pela fraca corrente. Em junho de 1924, ele estava realizando esses experimentos no cérebro de um estudante do ensino médio de dezessete anos quando teve uma epifania: por que não remover os eletrodos do *estimulador* cortical e ligar os eletrodos a um dispositivo usado para *medir* a corrente elétrica? Em outras palavras, Berger virou a mesa – em vez de aplicar a corrente no cérebro, o novo arranjo permitiria que ele estudasse a eletricidade do próprio cérebro.

Isso se mostrou a chave para o sucesso de Berger, pois nos cinco anos seguintes ele aprendeu a fazer essas leituras fora do crânio, ligando eletrodos ao couro cabeludo do paciente. Como se pode imaginar, isso aumentou em muito o número de voluntários. Era uma ferramenta que podia ser usada em qualquer um, e na verdade ele realizou milhares de leituras, muitas com o próprio filho.

Berger chamou seu dispositivo de eletroencefalógrafo, ou EEG. Em 1929, aos 56 anos, ele finalmente publicou o primeiro artigo sobre aquela pesquisa: "On the electroencephalogram of man". Durante a década seguinte ele publicaria outros catorze novos artigos, todos com o mesmo título, diferenciados apenas por números.

O EEG de Berger foi uma das invenções mais influentes do século XX. Abriu uma janela para o cérebro, transformando a neuropsiquiatria numa verdadeira ciência. Hoje, cientistas utilizam regularmente o EEG para estudar processos mentais como os que transcorreram no cérebro de Mary naquela noite em que ela relaxou a mente. Mas foi Berger quem fez a primeira grande descoberta a esse respeito.

Usando seu novo dispositivo, Berger demonstrou que o cérebro é ativo mesmo quando a pessoa *não* está envolvida em pensamentos conscientes, quando a mente está devaneando ou conjeturando – como a de Mary Shelley quando teve sua ideia. Um fato ainda mais inesperado foi que a energia elétrica característica desse estado inativo, quando medida pelo EEG, diminuía no momento em que começava a concentração voluntária ou se a atenção do sujeito fosse atraída por algum acontecimento no ambiente ao redor.

As ideias de Berger seguiram no sentido contrário da sabedoria científica do seu tempo, que afirmava que o cérebro só era eletricamente ativo durante tarefas que exigiam atenção. Ele defendeu a importância de sua nova descoberta, mas poucos o ouviram.[8] Os cientistas sabiam que, quando as pessoas não estavam pensando, devia haver alguma atividade cerebral residual para possibilitar a continuidade de funções como a respiração e os batimentos cardíacos. Mas acharam que, o que quer que detectasse o EEG de Berger, isso era apenas um ruído aleatório. Essa visão não deixava de ser razoável, mas, ainda assim, se estivesse mais aberto às novidades, alguém teria entendido, como Berger, que o sinal não era aleatório. Infelizmente, esse foi um exemplo de paradigma vigente bloqueando o progresso intelectual – uma história muito comum.

No final dos anos 1930, o trabalho de Berger com o EEG já havia gerado um grande campo de estudos, mas nenhum que investigasse a energia do cérebro em repouso. As pesquisas contemporâneas progrediram em outras direções, e Berger foi deixado para trás. Então, no dia 30 de setembro de 1938, enquanto fazia uma ronda por sua clínica, ele foi de repente chamado ao telefone e informado pelas autoridades nomeadas pelos nazistas que seria demitido no dia seguinte. Pouco depois seu laboratório foi desmantelado.

Em maio de 1941, com a Segunda Guerra Mundial a todo o vapor, a carreira interrompida pelos nazistas e o campo de pesquisas com o EEG desativado, Berger escreveu em seu diário: "Eu passo noites acordado em que fico conjeturando e lutando contra autoacusações. Sou incapaz de ler ou trabalhar de forma organizada, mas preciso me forçar, pois isso é insuportável."[9]

Com a carreira efetivamente encerrada, Berger achou que não tivera sucesso em seu grande objetivo de relacionar os processos elétricos do cérebro ao que é vivenciado na mente. Deu um grande passo no caminho de sua descoberta da energia elétrica do cérebro durante devaneios, mas não conseguiu levá-la adiante nem convencer qualquer um de sua importância. As palavras finais de Berger, no último artigo que publicou, foram um apelo aos colegas para levarem aquela ideia a sério:

> Gostaria de chamar atenção para certo ponto que tenho defendido no passado. Quando algum trabalho mental é desempenhado, ou quando o tipo de atividade designada como atividade consciente ativa se torna manifesta de alguma forma, ... ocorre uma considerável redução na amplitude das oscilações potenciais do cérebro humano em associação com essa alteração na atividade cortical.[10]

Berger também gritava no vácuo. Suas palavras não impressionaram ninguém – um dos custos de estar tão à frente de seu tempo. Em 30 de maio de 1941, Hans Berger tirou a própria vida. Na parede de seu gabinete havia um poema escrito por seu avô materno, o poeta Friedrich Rückert:

Cada homem está diante de uma imagem
Do que merece se tornar.
Enquanto não corresponder a essa imagem,
Não conseguirá alcançar toda a completude da paz.[11]

As sinfonias da mente ociosa

No momento em que conversamos, Nancy Andreasen, mulher morena de cabelos curtos, está chegando aos oitenta anos de idade. Trata-se de uma médica com doutorado em literatura inglesa. Essa não é uma combinação comum de se encontrar na neurociência – ou em qualquer outro ramo da ciência. O doutorado chegou primeiro e a levou a um emprego como professora de literatura renascentista na Universidade de Iowa. Então, um dia, enquanto estava acamada por uma semana depois de uma gravidez e de um parto difíceis, a mente de Nancy divagou e ela teve uma ideia que mudou sua vida – uma súbita vontade de mudar.

Quando Nancy me contou isso, pensei em Mary Shelley e em como a história de Frankenstein havia chegado a ela. Só que no caso de Nancy Andreasen, sua criação foi reescrever a própria vida. No momento de sua revelação, a Princeton University Press tinha acabado de aprovar a publicação de um livro dela sobre o poeta John Donne – o que para a maioria dos professores de literatura inglesa nos primeiros anos de carreira teria sido um grande triunfo. Mas não para Nancy. "Percebi que queria fazer alguma coisa que mudasse a vida das pessoas, mais que escrever um livro sobre John Donne", explicou.[12]

Não é muito difícil encontrar algo que possa mudar mais a vida das pessoas que um livro sobre John Donne. Para a maioria de nós, uma taça de vinho branco resolveria o problema.

Mas aquela "alguma coisa" escolhida por Nancy Andreasen era muito ambiciosa. Ela resolveu cursar medicina e estudar neuropsiquiatria – o campo de Berger. O passo foi bem radical para alguém que, graduada em literatura inglesa, tivera poucas aulas de ciência ou de matemática na faculdade. Nancy teria de construir sua nova carreira a partir do zero. Também devia fazer isso numa época em que as mulheres enfrentavam mais barreiras que hoje.

Isso aconteceu no final dos anos 1960. Quando ainda estava no ensino médio, Nancy teve de recusar uma prestigiosa bolsa de estudos em Harvard porque o pai não queria que a jovem se afastasse de casa. Como professora desejosa de publicar artigos em revistas acadêmicas, ela aprendeu que, para ser levada a sério, era melhor esconder seu gênero usando as iniciais do primeiro e segundo nomes em suas publicações. "Eu fui a primeira mulher do Departamento de Literatura na universidade a ser contratada como professora titular, e por isso tive o cuidado de publicar sob o nome neutro de N.J.C. Andreasen", relembrou num artigo que escreveu em *The Atlantic* muitos anos depois.[13] A pressão contra as mulheres que queriam estudar medicina era tão forte quanto. Mulheres não marcavam muita presença em cursos de pós-graduação e em geral não eram bem-vindas em escolas de medicina. E então lá estava ela, em aulas preparatórias para a escola de medicina, só com alunos homens, querendo se tornar médica.

Apesar das barreiras, Nancy Andreasen atingiu seu objetivo. Nos anos 1980 ela se tornou especialista mundial em PET (sigla em inglês para tomografia por emissão de pósitrons), método em que uma substância radioativa é injetada numa parte do corpo – no caso dos estudos de Nancy, no cérebro – para gerar uma imagem dos tecidos. Do ponto de vista da neuropsiquiatria e do novo campo da neurociência, o escaneamento PET foi o primeiro salto gigantesco para além do EEG de Berger.

A tecnologia atual de escaneamento PET é muito diferente do que era então. "Isso foi antes do grande desenvolvimento de imagens dos anos 1990", explica Nancy.

> Naquela época, você precisava trabalhar com um radioquímico, com alguém que conhecesse física e com um médico; precisava saber muito bem estatística e anatomia do cérebro; e tinha de se sentir confortável trabalhando com programadores. Não era como hoje, quando tudo vem em pacotes de softwares que você faz o download. Agora a gente tem até as estatísticas e a anatomia do cérebro diante de nós.

O trabalho árduo de Nancy Andreasen compensou: ela iria redescobrir os peculiares padrões da energia elétrica produzida pelo cérebro ocioso – a mesma energia que Berger havia documentado e que Raichle mais tarde estudou. Embora Raichle acabasse cunhando o termo modo default, Nancy chamou aquela maneira de funcionamento do cérebro de estado Rest. O acrônimo significa "Random Episodic Silent Thinking" [pensamento silencioso episódico aleatório], mas é também um desvio, pois seu argumento era de que, quando a mente de uma pessoa parece estar em repouso, não está. Está apenas processando informações inconscientemente, de um jeito diferente.

Para entender como Nancy realizou sua descoberta é preciso saber um pouco sobre como são feitos experimentos de imagens do cérebro. Como qualquer experimento científico, um experimento de imagem envolve uma tarefa de controle. A ideia é que o pesquisador subtraia as leituras de atividades geradas por cada parte do cérebro durante a tarefa de controle das leituras geradas pela mesma região do cérebro durante a tarefa experimental.

Em muitos experimentos, a tarefa de controle era simplesmente ficar deitado. Nesse caso, os pesquisadores basicamente forneciam instruções aos participantes do tipo: "Deixe sua cabeça ficar vazia." Eles acreditavam que pouca coisa se passaria no cérebro durante aquela espécie de estado relaxado. "Essa suposição me incomodou", diz Nancy. "Eu duvidava que a cabeça pudesse ficar 'vazia'." Por isso ela resolveu analisar a atividade do cérebro em repouso, em vez de usá-la como base em algum outro estudo.

Foi aí que Nancy chegou à mesma conclusão de Berger décadas antes. "Em repouso, não havia pouca atividade, ... havia um bocado de atividade, e concentrada em certas estruturas", explica. Essa era uma contradição que se chocava com a sabedoria convencional – tanto quanto na época de Berger. Mas o que realmente deixou Nancy fascinada foi *onde* a atividade do cérebro se localizava. Ela acontecia numa rede composta por diversas estruturas que antes se pensava terem pouco a ver umas com as outras – a agora chamada rede default.

Ainda mais intrigante, diz Nancy: "Não era apenas um ruído, ... era uma sinfonia. A atividade das estruturas variava a cada segundo, como sempre acontece, mas as áreas diferentes, embora não adjacentes, disparavam em sincronia." O disparo sincronizado de três regiões diferentes mostrou a Nancy Andreasen que ela havia encontrado alguma coisa.

Muito já foi escrito sobre o tamanho do cérebro humano, especialmente sobre o tamanho do nosso córtex pré-frontal. Mas agora os cientistas começam a acreditar que isso pode ser uma pista falsa, que talvez até mais importante que a nossa inteligência, e que a nossa psique, seja o grau de *conectividade* do cérebro.

Como escrevi no Capítulo 4, o cérebro é hierárquico, e o Human Connectome Project, lançado em 2009, agora trabalha na criação de um mapa das conexões neurais entre estruturas em escala cada vez maior. Mas em 1995, Nancy Andreasen já sabia que muitas funções do cérebro eram produzidas por coalizões de estruturas, e que o papel de cada estrutura pode variar dependendo de qual coalizão estivesse ativada. O fato de as regiões dispararem em uníssono significava que Nancy tinha descoberto uma dessas coalizões.

Mas em que isso importa? Nancy Andreasen tinha refeito a descoberta de Berger e, com a tecnologia mais sofisticada disponível, conseguira aprender muito mais que ele sobre a rede de estruturas cerebrais envolvidas e o tipo de atividade que aí ocorria. No entanto, Nancy apenas arranhara a superfície, e foi só quando Raichle realizou sua pesquisa mais abrangente, poucos anos depois, que a rede default ganhou o palco central no mundo das pesquisas em neurociência.[14]

Nas últimas décadas, os cientistas descobriram estruturas adicionais que contribuem para a rede default, e ainda estamos trabalhando para entender melhor seu papel no cérebro. Mas já sabemos que a rede default rege a nossa vida mental interior – o diálogo que temos com nós mesmos, tanto consciente como subconsciente. Engatando a marcha quando desviamos a atenção da barragem de informação sensorial produzida pelo mundo exterior, o cérebro olha para nosso eu interior. Quando isso acontece, as redes neurais do nosso pensamento flexível podem vasculhar o enorme banco de dados de conhecimento, memórias e sentimentos armazenados no cérebro, combinando conceitos que normalmente não se associariam e estabelecendo conexões que normalmente não reconheceríamos. Essa é a razão por que descansar, devanear e outras atividades silenciosas, como fazer uma caminhada, são uma maneira profícua de geração de ideias.

Inteligentes por associação

O poder do modo default provém de seu local de origem no cérebro – todos os componentes da rede default estão nas sub-regiões do cérebro chamadas *córtices de associação*. Temos um córtex de associação para cada um de nossos cinco sistemas sensoriais e para cada região motora, e temos as chamadas áreas de associação de "ordem superior" para processos mentais complexos não associados a movimentos ou aos sentidos. Eu disse no Capítulo 4 que as redes neurais que representam ideias podem ativar umas às outras, criando associações. Os córtices de associação são o local em que são feitas essas conexões.

As associações ajudam a conferir significado ao que vemos, ouvimos, saboreamos, cheiramos e tocamos. Por exemplo, uma região do cérebro chamada córtex visual primário detecta os aspectos básicos do mundo visual, como arestas, luz e escuridão, localização etc. Mas isso tudo são apenas dados. O que os dados significam? Que pessoas, lugares e coisas você vê e qual o seu significado? É um córtex de associação que define os objetos por nós identificados.

Quando você lê uma placa dizendo PROIBIDA A ENTRADA, as letras impressas criam uma imagem na sua retina. Isso é apenas uma reprodução dos traços que formam as letras. A mensagem da placa só ganha significado quando essa informação é passada da retina para o córtex visual e para um córtex de associação, que identifica a placa, as letras e as palavras escritas. E isso é só o começo. A imagem depois é passada para outras regiões de associação, onde a conotação, o tom emocional e as memórias e experiências pessoais fornecem um significado adicional às palavras.

Ninguém tem conhecimento em primeira mão de como pensam os outros animais, mas os cientistas que os estudam observam que eles têm pouco poder de fazer associações abstratas. Os pesquisadores demonstram, por meio de experimentos envolvendo objetos concretos, que macacos da Índia somam um mais um para chegar a dois.[15] Mas associar a abstração da "órbita" da

Lua a uma elipse está além da capacidade deles. Nos seres humanos, contudo, cerca de três quartos dos neurônios cerebrais residem nos córtices de associação; em termos de proporção do cérebro, isso é muito mais que em qualquer outro animal.

Os neurônios de associação são o que nos permite pensar e ter ideias, e não meramente reagir. Eles são a fonte de atitudes, diferenciando-nos uns dos outros e ajudando a definir nossa identidade enquanto indivíduo. São também a fonte da inventividade. Nossa cultura tende a ver a descoberta e a inovação como que se materializassem do nada, produtos da magia etérea de um intelecto bem-dotado. Mas ideias inovadoras, bem como as ideias mundanas, em geral surgem da associação e da recombinação do que já está presente nos recantos da nossa mente.

O que nos traz de volta ao modo default. "Quando se encontra em repouso, o que sua mente de fato faz é lançar ideias para a frente e para trás", explica Nancy Andreasen. "Os córtices de associação estão sempre funcionando no fundo, mas quando você não está concentrado em alguma tarefa – por exemplo, quando faz algo sem pensar, como dirigir um carro –, é aí que sua mente se encontra *mais* livre para viajar. É por isso que nesses momentos você cria novas ideias ativamente."

Como costuma acontecer na neurociência, uma das formas de entender melhor o papel de uma estrutura ou rede do cérebro é estudar o comportamento de pessoas em que esse papel foi perturbado. Considere o famoso caso da Paciente J, que por causa de um derrame no lóbulo frontal perdeu o funcionamento do modo default e depois se recuperou de forma miraculosa.[16]

Imediatamente após o derrame, a Paciente J ficou deitada em silêncio, mas continuou alerta. Respondia a pedidos e instruções e falava em resposta a algum discurso. Mas não dava início a nenhuma conversa. Na ausência do diálogo mental interno que produz associações, nada lhe vinha à mente.

Considere uma conversa típica. Se o médico dela perguntasse "O que você acha da comida do hospital", a Paciente J responderia: "Não é muito boa." Um indivíduo saudável teria prosseguido com algo além da resposta literal. Poderia ter acrescentado: "Se eu já não estivesse hospitalizada, a comida ia acabar causando minha internação." Ou: "Mas é melhor que a carne misteriosa da lanchonete da escola do meu filho." Contudo, alguém só pode pensar em fazer tais observações depois de estabelecer associações mentais particulares, como *comida ruim* e *comida envenenada*, ou *comida de hospital* e *comida de escola*. Respostas como essas não se originam das circunstâncias ou do ambiente imediatos. São expressões de sua personalidade que requerem que você se volte para dentro. Esses pensamentos estavam para além da Paciente J. Ela havia perdido a capacidade de gerar novas ideias, por isso perdeu a capacidade de conversar. Quando a Paciente J se recuperou, foi indagada por que nunca dizia nada a não ser em resposta a alguma pergunta. Ela respondeu que não falava porque "não tinha nada a dizer". Sua mente, explicou, estava "vazia".

A importância de não ter objetivos

Tive o prazer de trabalhar alguns anos com Stephen Hawking. Durante mais ou menos as últimas cinco décadas, Hawking viveu com esclerose lateral amiotrófica (ELA), doença que ataca os neurônios que controlam os músculos voluntários. Por ter pouca capacidade de se movimentar, Stephen se comunicava selecionando palavras numa tela de computador com cliques de um mouse. Esse é um processo tedioso. A tela mostra um cursor se movendo de letra para letra. Quando Hawking selecionava uma letra, com outro clique ele podia escolher uma lista de palavras sugeridas que começam com essa letra ou repetir o processo para escolher a segunda letra da palavra que tiver em mente – e assim por diante, até ter escolhido ou soletrado a palavra.

Quando começamos nossa colaboração, ele conseguia clicar com o mouse usando o polegar. Depois, com a progressão da doença, foi instalado um sensor nos seus óculos para ele clicar o mouse contraindo um músculo da bochecha direita. Se você já assistiu a uma entrevista de Hawking pela TV, a rapidez com que ele responde às perguntas era uma ilusão. Ele recebia as perguntas bem antes e precisava de dias ou semanas para formular as respostas. Assim, quando o entrevistador fazia a pergunta, Hawking simplesmente clicava o mouse para iniciar a leitura de sua resposta, ou o editor de som a acrescentava depois.

Quando eu trabalhava com Hawking, ele conseguia compor suas sentenças em um ritmo de apenas cerca de seis palavras por minuto. Por essa razão, normalmente era preciso esperar vários minutos para ele formular uma simples resposta a algo que eu dissesse. No começo eu ficava impaciente, meio que devaneando enquanto esperava Stephen concluir sua composição. Mas um dia eu estava olhando para a tela do computador por cima do ombro dele, onde a sentença que estava articulando era visível, e comecei a pensar sobre sua resposta. No momento em que ele a concluía, eu tivera alguns minutos para refletir sobre as ideias que expressava.

Esse incidente me levou a uma revelação. Numa conversação normal, espera-se que respondamos um para o outro em segundos, e por conseguinte nossos voleios discursivos acontecem quase automaticamente, a partir de um lugar superficial na mente. Nas minhas conversas com Stephen, o alongamento desses segundos em minutos tinha um efeito imensamente benéfico. Permitia que eu considerasse mais profundamente suas observações, possibilitando que minhas novas ideias, e minha reação às dele, se sedimentassem de uma forma que nunca acontece numa conversação normal. Como resultado, o ritmo mais lento conferia às minhas interações uma profundidade de pensamento que não é possível na precipitação da comunicação normal.

Essa precipitação não afeta somente as conversas individuais. Nós nos precipitamos para responder a mensagens de textos, enviar e-mails, sair de um link para outro on-line. Dispomos mais que nunca da assistência da automação e da tecnologia, mas estamos mais ocupados como nunca. Somos bombardeados por informações, temos decisões a tomar, tarefas na nossa lista de coisas a fazer, exigências no trabalho. Hoje os adultos normalmente acessam seus smartphones numa média de 34 sessões diárias (de trinta segundos ou menos), sem mencionar períodos mais longos para telefonemas, jogar games etc. Cinquenta e oito por cento dos adultos verificam seus celulares pelo menos uma vez por hora, enquanto jovens entre dezoito e 24 anos trocam 110 mensagens de texto por dia.[17]

O impacto da tecnologia pode ser positivo. Estamos mais conectados com nossos amigos e a família. Cada vez temos mais acesso, com celulares ou tablets, a programas de TV, sites de notícias, games e outros aplicativos. Mas também se espera que estejamos sempre disponíveis, em qualquer lugar, e como podemos trabalhar em casa e estamos mais em contato com nossos empregadores, espera-se que estejamos trabalhando ou de prontidão praticamente o tempo todo. Mesmo as conexões com amigos e a família têm suas desvantagens, pois podem ser viciantes.

Num estudo em que pediram aos participantes que deixassem de enviar mensagens de texto durante dois dias, eles relataram terem se sentido "aborrecidos", "ansiosos" e "agitados" quando não podiam enviar mensagens às pessoas mais próximas.[18] Em outro estudo, descobriu-se que usuários do iPhone sofriam de ansiedade e de aumento da frequência cardíaca e da pressão arterial quando o telefone tocava e eles não podiam atender. Outro mostrou que 73% dos usuários de celulares se sentem em pânico quando não conseguem encontrar o aparelho. E ainda outro documentou que muita gente não consegue evitar estar ao telefone, mesmo quando sabe que não deveria fazer isso. Esses são sinais clássicos de dependência, e essas síndromes estão se tornando tão graves e tão comuns que os psiquiatras começaram a elaborar nomes para elas, como separação do iPhone, nomofobia (fobia de telefones fixos) ou, de maneira mais geral, iTranstornos.

A dependência acontece porque o bombardeio constante de uma atividade a que nos acostumamos pode alterar a função do cérebro. O mecanismo é muito parecido com a dependência química. O fato de não saber o que encontraremos quando acessamos nossa mídia social favorita ou nosso e-mail produz um sentimento de antecipação no cérebro, e quando encontramos algo de interesse sentimos uma pequena descarga no circuito de recompensa. Depois de algum tempo, você se torna condicionado a essa descarga e fica entediado com sua ausência. Enquanto isso, bipes, silvos e acordes de harpa nos lembram continuamente de que há uma recompensa a nossa espera.

Lembra-se das máquinas caça-níqueis de Las Vegas? Diz David Greenfield, psiquiatra e fundador do Centro de Adição em Internet e Tecnologia: "A internet é o maior caça-níquel do mundo, e o smartphone é o menor caça-níquel do mundo."[19] Videogames, incluindo os mais simples, que podem ser jogados por meio de telefone, são ainda piores. Para citar um estudo: "Observou-se realmente um aumento maciço da quantidade de dopamina liberada no cérebro durante jogos de videogame, em particular em áreas que se consideram controlar a recompensa e o aprendizado. O nível do aumento foi notável, sendo comparável ao observado quando anfetaminas são injetadas na veia."[20]

O resultado de nossa dependência da atividade constante é uma privação de tempo ocioso e, portanto, uma privação do tempo em que o cérebro está no modo default. E embora alguns possam considerar improdutivo "não fazer nada", a falta de períodos ociosos é ruim para o bem-estar, pois o tempo ocioso permite que a rede default entenda o que vivenciamos ou aprendemos recentemente. Eles fazem com que os processos de pensamento integrativo reconciliem diversas ideias sem a censura do cérebro executivo. Permitem-nos meditar sobre nossos desejos e pensar sobre nossos objetivos não realizados.

Essas conversações internas alimentam nossa narrativa de vida em primeira pessoa, ajudando a desenvolver e a reforçar nosso sentido do eu. Também nos permitem relacionar informações divergentes para formar novas associações e nos distanciarmos de questões e problemas para mudar a maneira como os estruturamos, ou gerar novas ideias. Isso confere ao nosso pensamento flexível de baixo para cima redes de oportunidades para buscar soluções criativas e inesperadas para problemas difíceis. Na noite em que inventou o personagem Frankenstein, se tivesse um telefone celular, em vez de descansar e deixar seus pensamentos vagarem, Mary Shelley teria pegado o dispositivo; os muitos chamarizes teriam atraído sua atenção consciente e suprimido o surgimento de uma ideia.

Os processos associativos do pensamento flexível não prosperam quando a mente consciente está em estado de concentração. A mente relaxada explora novas ideias; a mente ocupada procura as ideias mais conhecidas, em geral as menos interessantes. Infelizmente, como nossas redes default são cada vez mais negligenciadas, temos menos tempo de não concentração para os procedimentos do nosso diálogo interno estendido. Como resultado, temos menos oportunidades para costurar essas associações aleatórias que levam a novas ideias e realizações.

É irônico, mas os avanços tecnológicos que tornam o pensamento flexível cada vez mais essencial também reduzem a probabilidade de nos envolvermos nele. E assim, se quisermos exercitar o pensamento flexível exigido pelo ritmo acelerado do nosso tempo, precisamos lutar contra as constantes intrusões e encontrar ilhas de tempo para desligar. Nos últimos anos, essa questão se tornou tão urgente que de repente deu origem a um campo relativamente novo, chamado ecopsicologia.

Os ecopsicólogos estão reunindo evidências científicas para apoiar suas afirmações, mas muitas de suas recomendações não são novas. Por exemplo, eles sugerem que uma forma de ter algum tempo dedicado à quietude é se desligar e procurar refúgio em atividades como correr ou tomar uma ducha. Caminhadas também são úteis – mas você precisa deixar o celular em casa. Essas caminhadas permitem o surgimento do seu modo default e ajudam a restaurar suas funções executivas de cima para baixo. Você vai se sentir revitalizado quando voltar ao corre-corre habitual – mas só se caminhar por uma área tranquila.[21] Regiões urbanas barulhentas estão cheias de estímulos que captam e dirigem a atenção – por exemplo, quando você precisa evitar um encontrão com alguém ou ser atropelado por um automóvel passando. O ato de correr ou caminhar liberta sua mente, mas o mesmo acontece se você ficar mais alguns minutos na cama depois de acordar. Não pense na agenda do dia nem considere a lista de coisas a fazer. Tire vantagem do estado de quietude para olhar o teto, curtir o conforto da cama e relaxar um pouco antes de se levantar para encarar o mundo.

No trabalho, em vez de forçar a barra quando estiver empacado ou se sentir incapaz de resolver alguma questão complexa, programe uma batelada de tarefas despreocupadas para dar um tempo. Manter em mente algo trivial como uma lista de compras barra o pensamento flexível, por isso, tente afastar os pensamentos do que você estava fazendo ou das coisas que ainda tem a fazer. Se conseguir esvaziar a cabeça, estará realizando um trabalho fácil, e ao mesmo tempo libertando sua mente elástica a fim de procurar uma solução inovadora para o impasse. Até uma pausa de hora em hora para ir ao bebedouro ajuda. Os interlúdios darão uma chance à sua mente elástica de processar – e questionar – o que essa última hora de pensamento concentrado produziu.

Surpreendentemente, a procrastinação também ajuda. Pesquisas mostram uma correlação positiva entre procrastinação e criatividade, pois ao afastar tentativas conscientes de solucionar problemas e tomar decisões, nos propiciamos mais tempo para nos encaixarmos nesses episódios de considerações inconscientes.[22]

Leonardo da Vinci respeitava tanto o processamento inconsciente enquanto estava trabalhando em *A última ceia* que às vezes desistia por algum tempo. O sacerdote que estava pagando a Leonardo não gostava desses hiatos. Como escreveu o historiador Giorgio Vasari: "O prior da igreja suplicava com incansável persistência que Leonardo terminasse o trabalho, pois achava estranho ver como ele às vezes passava metade do dia perdido em pensamentos, e preferia que Leonardo, assim como os trabalhadores carpindo o jardim, jamais largasse o pincel." Mas Leonardo "falava muito com ele sobre arte e o convenceu de que os grandes gênios às vezes realizam mais quando trabalham menos".[23] Na próxima vez em que estiver olhando pela janela, lembre-se de que você não está vagabundando – está dando uma chance ao seu lado artístico de fazer seu trabalho. E se você não costuma dar esses intervalos, vai perceber que é benéfico abrir um espaço para eles.

7. A origem do insight

Quando o inimaginável se torna autoevidente

No dia 21 de dezembro de 1941, nas duas semanas terríveis depois de Pearl Harbor, o presidente Franklin Roosevelt disse ao seu chefe de gabinete, numa reunião na Casa Branca, que urgia bombardear o Japão o mais depressa possível; tanto para elevar o moral em casa quanto para plantar sementes de dúvida entre o povo japonês, cujos governantes haviam dito que eles eram invulneráveis. Apesar da urgência da reação, aquela parecia uma missão impossível: nenhum bombardeiro jamais havia chegado perto da autonomia necessária para voar até o Japão.

Algumas semanas depois, num dia frio, Francis Low, capitão de um submarino, lembrou-se do desafio de Roosevelt, enquanto observava os bombardeiros fazendo exercícios no campo aeronaval de Norfolk, na Virgínia.[1] Uma faixa tinha sido pintada no contorno retangular do convés de um porta-aviões a fim de fornecer um alvo simulado para os bombardeiros. Como todos os demais que conheciam o desafio, Low ainda não tinha pensado nada. Homem da Marinha a vida inteira e capitão de submarino por formação, bombardeiros estavam longe de sua área de conhecimento. Contudo, ao observar a sombra dos aviões passando pelo contorno desenhado no convés, de repente uma ideia explodiu em seu consciente. Qualquer especialista teria descartado essa ideia como absurda. E se os bombardeiros fossem lançados do convés do porta-aviões?

Esse é um exemplo em que a chave para a solução do problema era a ignorância, ou ao menos fingir que o que você sabe não é verdade. Low não era totalmente ignorante – ele entendia parte das muitas razões por que sua ideia "não podia funcionar", mas decidiu ignorá-las. Preferiu adotar a suposição de que *tinha* de funcionar, e começou a analisar como superar os obstáculos.

E eram tantos os obstáculos. Porta-aviões são projetados para transportar caças leves e ligeiros, não bombardeiros, pesados demais para decolar daquelas pistas limitadas. Bombardeiros também não são muito manobráveis, por isso são fáceis de abater e precisam ser escoltados por caças, contudo, o porta-aviões não teria espaço para transportar tudo aquilo. Mais importante ainda: mesmo que o bombardeiro de alguma forma conseguisse ser posto no porta-aviões, e este chegasse a uma distância razoável para bombardear o Japão, a estrutura da cauda da aeronave, mais alta e mais fraca, tornava impossível a instalação de um gancho de aterrissagem, por isso os bombardeiros que retornassem não conseguiriam aterrissar no porta-aviões. Low não tinha a maioria das respostas, mas não aceitou a perspectiva de não obter essas respostas.

Quando voltou a Washington, ele foi falar com seu oficial comandante, o almirante Ernest King. Low sempre se sentia desconfortável na presença de seu superior, e estava portanto nervosíssimo. Provavelmente o almirante iria considerar a sugestão absurda. Low esperou King ficar sozinho e então, durante uma pausa na conversa, desembuchou.

Embora o esquema parecesse improvável, aquela era uma época de desespero. Assim, durante os meses seguintes, os bombardeiros foram reduzidos somente ao essencial para diminuir seu peso e serem equipados com tanques extras de combustível a fim de aumentar seu alcance. Os pilotos foram treinados para decolar da pequena pista de um porta-aviões e voar baixo, evitando os radares japoneses e eliminando a necessidade de uma escolta de caças. O problema de não conseguir aterrissar num porta-aviões foi "resolvido" aceitando-se a ideia de que, depois de lançar suas bombas, os pilotos continuariam a voar e aterrissariam ou abandonariam seus aviões em território chinês ou soviético. Esses países tinham negado permissão para os americanos utilizarem seus territórios a fim de organizar e lançar os ataques, mas se os aviões tivessem apenas de pousar lá eles nem saberiam. Infelizmente, a tripulação dos aviões descartados teria de enfrentar o imenso desafio de encontrar um caminho até as linhas aliadas.

O chefe de gabinete da Força Aérea do Exército, general Henry H. Arnold, nomeou um técnico astuto, o coronel Jimmy Doolittle, para organizar e liderar o ataque, e Doolittle reuniu oitenta voluntários para tripular dezesseis B-25 na missão. Como a ideia de bombardeiros americanos conseguindo chegar ao Japão parecia tão implausível, eles quase não encontraram baterias antiaéreas; na verdade, muitos japoneses no solo acenaram para eles, achando que integravam uma missão prática conduzida pela Força Aérea japonesa. Resumindo, os aviões lançaram dezesseis toneladas de bombas sobre o Japão, a maior parte na área de Tóquio. Depois do ataque, a tripulação fez pousos forçados ou conseguiu chegar a províncias da China; somente seis tripulantes não sobreviveram.

Para entender quanto a ideia de Low deve ter parecido absurda para os especialistas da época, considere o seguinte: os japoneses, desesperados para eliminar o risco de novos ataques, consideraram inimaginável que os bombardeiros tivessem decolado de um porta-aviões. Convenceram-se de que o ataque havia partido do atol de Midway, o único território possível, e mandaram sua frota ocupar a ilha. Mas a Marinha dos Estados Unidos, um passo adiante, já estava lá à espera, e afundou todos os porta-aviões japoneses, menos um. A frota japonesa foi praticamente destruída, num revés que o estudioso de história militar John Keegan chamou de "o golpe mais formidável e decisivo na história da guerra naval".[2]

Às vezes a mais forte revelação que alguém tem é de que as circunstâncias mudaram. Que as regras a que estamos acostumados não mais se aplicam. Que táticas bem-sucedidas podem ser táticas que teriam sido rejeitadas sob as regras anteriores. Isso pode ser libertador. Faz você questionar suas pressuposições e ajuda-o a superar paradigmas fixos e a reestruturar seu pensamento.

Nesse caso, o porta-aviões era a peça de um quebra-cabeça-padrão de planejamento militar. Assim como o bombardeiro. Em circunstâncias normais, as peças não se encaixavam. Foi preciso Low reconhecer que o quebra-cabeça tinha mudado depois de Pearl Harbor. Um curso de ação que nitidamente não cabia no jogo de guerra convencional foi *adequado* às exigências daquele momento da história. A história – e a vida humana normal – é cheia de oportunidades perdidas pelo não reconhecimento de que houve uma mudança, que algo antes impensável tornou-se possível.

Quando indagado sobre como havia chegado a esse plano, Low disse que foi "fortuito", como se tivesse entrado num restaurante chinês e encontrado sua ideia dentro de um biscoito da sorte.[3] Sem dúvida era como sua mente consciente percebia a situação. Mas hoje sabemos que insights como os de Low não são acidentais. São resultado de um complexo processo com que o cérebro inconsciente se envolve quando o raciocínio lógico consciente fracassa, restrito por regras e convenções comumente aceitas.

No capítulo anterior, aprendemos sobre a rede default e vimos que nosso cérebro funciona fazendo associações, mesmo quando não estamos concentrados de forma consciente em qualquer coisa em particular. A maioria dessas associações não chega à nossa percepção consciente. No caso de Low, o desespero obrigou sua mente a considerar um último recurso, uma ideia que de outra forma teria sido rejeitada. Aqui vamos examinar o mecanismo que traz essas associações à nossa consciência, e o que determina se as ideias apresentadas à consciência são meras noções convencionais ou insights brilhantes e originais.

O cérebro dividido

Roger Sperry estava ponderando sobre o que havia encontrado. Estava no final dos anos 1950.[4] Ele vinha fazendo experimentos com animais que já tinha operado para extrair o corpo caloso, estrutura que fica entre as metades direita e esquerda do cérebro. Estava ciente de que a maioria dos colegas achava que seu trabalho era uma perda de tempo – que o corpo caloso não tinha nenhum papel mecânico importante no cérebro. Consideravam-no uma espécie de cerca que impedia os hemisférios de "murchar". Sperry viu uma função maior: permitir que os hemisférios direito e esquerdo se comunicassem. Com sua descoberta, ele próprio ficou atônito.

Segundo a sabedoria convencional, a comunicação entre os hemisférios era basicamente desnecessária. Encarava-se o lado esquerdo como responsável por funções cerebrais que variavam de entender a linguagem ao raciocínio matemático e ao controle dos movimentos intencionais. O hemisfério direito, por sua vez, estaria desprovido de uma função cognitiva superior – mudo e incapaz de falar ou escrever, mesmo em indivíduos canhotos. Consequentemente, os médicos costumavam dizer aos pacientes que tivessem sofrido um derrame lesando o lado direito do cérebro que eles tinham sorte, pois esse hemisfério "não faz muita coisa". Alguns dos colegas de Sperry chegavam a se referir a esse lado como "relativamente retardado".[5] Em vista disso, por que a comunicação entre os hemisférios seria importante?

Sperry não aceitou a sabedoria convencional, que se baseava na observação de pacientes com lesões cerebrais. Ele não confiava naquela pesquisa, pois os cientistas tinham pouco controle sobre ela – os pacientes não chegavam com a lesão exatamente na estrutura do cérebro que se desejava estudar. Sperry deduziu que era possível fazer melhor. Utilizando sua excelente habilidade como cirurgião de laboratório, ele conseguia extirpar regiões específicas do cérebro e observar com precisão as mudanças de comportamento resultantes dessa deficiência – ainda que somente em animais, claro. E foi exatamente o que ele fez para investigar o papel do corpo caloso: seccionou cirurgicamente essa estrutura. Considera-se que o animal que passa por esse procedimento tem o "cérebro dividido".

De início Sperry ficou decepcionado.[6] Como todos o haviam alertado, ele descobriu que a cirurgia tinha pouco efeito sobre o comportamento cotidiano do animal. Mas organizou uma nova bateria de testes para isolar os hemisférios um do outro com mais cuidado. Foram os resultados desses experimentos que o deixaram atônito.

Num dos experimentos, Sperry tapou um dos olhos de gatos com o cérebro dividido. Como eles enxergavam o mundo pelo olho não tapado, Sperry os ensinou a discriminar entre um triângulo e um quadrado. Geometria não é uma das matérias mais fortes dos gatos, mas eles acabaram ficando bons na coisa. Em seguida ele tapou o outro olho e testou os gatos mais uma vez. Será que o hemisfério oposto se beneficiava do treinamento? Sperry descobriu que, com o corpo caloso seccionado, os gatos eram "incapazes de realizar com um olho o padrão de discriminação visual aprendido com o outro".[7] Ao seccionar o corpo caloso, Sperry tinha interrompido a comunicação entre os dois hemisférios.

Por meio de uma série de experimentos detalhados como esses, Sperry percebeu que poderia interagir de forma independente com cada hemisfério do cérebro do animal, chegando à conclusão de que os dois eram surpreendentemente autossuficientes em termos de processamento de informação. "Cada um dos hemisférios divididos", escreveria mais tarde, "tem sua esfera mental independente, ou sistema cognitivo – sua própria percepção, memória e aprendizado independentes e outros processos mentais. É como se cada hemisfério não estivesse ciente do que é percebido pelo outro."[8]

Em outras palavras, Sperry afirmou que os animais pareciam ter duas mentes. Suas capacidades individuais e o potencial para o pensamento independente em geral não são aparentes, pois no indivíduo saudável a mente está altamente conectada pelo corpo caloso e funciona em harmonia. Mas quando se secciona essa conexão, eles revelam suas características individuais.

Sperry considerou seus resultados revolucionários, mas outros não os viram da mesma forma. Eles acreditavam que as conclusões eram válidas apenas para "animais inferiores". Sperry sabia que seu desafio era provar que funcionava da mesma forma nos seres humanos. Mas como? Ele não podia arrastar um ser humano para seu laboratório e seccionar o corpo caloso da maneira como fazia com os animais.

Foi aí que o neurocirurgião Joseph Bogen mostrou a Sperry um ensaio sobre epilepsia que havia escrito, chamado "A rationale for splitting the human brain".[9] Nos anos 1940, os neurocirurgiões já tinham realizado experiências seccionando o corpo caloso para reduzir a fúria de ataques em pacientes com epilepsia grave, e Bogen estava pensando em ressuscitar essa abordagem. Sugeriu que, se chegasse a fazer uma dessas cirurgias, talvez Sperry quisesse estudar seus pacientes. Essa era a brecha de que Sperry precisava.

Em 1962, Bogen operou o primeiro de uma série de dezesseis pacientes e convidou Sperry para testá-lo. Os resultados desses estudos confirmaram o que Sperry havia descoberto nos experimentos com animais: a sabedoria convencional sobre os papéis dos hemisférios estava errada. Os dois hemisférios do cérebro são algo como seres independentes. Por exemplo, num dos casos, perguntaram a uma paciente quantos ataques ela havia sofrido recentemente.[10] Ela levantou a mão direita e mostrou dois dedos, indicando esse número de ataques. Mas a mão esquerda, controlada pelo hemisfério oposto, puxou a mão direita para baixo. Então ela levantou a mão esquerda e indicou apenas um. A mão direita se levantou de novo e as duas mãos se engalfinharam, lutando como crianças briguentas. A paciente acabou dizendo que sua dissidente mão esquerda costumava "fazer coisas por conta própria".

Ao chamar a mão esquerda de dissidente, a paciente parecia estar adotando o lado da mão direita, porque a mão direita é controlada pelo hemisfério cerebral esquerdo, que também controla a fala. Isso ilustra um ponto importante: embora o hemisfério cerebral direito não seja "retardado", como se pensava antes, os dois hemisférios apresentam realmente competências diferentes. Por exemplo, embora consiga compreender palavras faladas, o hemisfério direito não consegue enunciá-las. Então, quando um paciente com o cérebro dividido fala, é o hemisfério esquerdo que está se expressando.

Mais tarde, a compreensão dessas diferenças entre os hemisférios se provaria a chave para entender a origem de ideias como o súbito insight de Francis Low. Mas nos tempos de Sperry os cientistas se mostraram céticos e, quando a notícia se espalhou, as novas pesquisas logo se tornaram controversas. Afinal, não apenas confrontavam ideias havia muito mantidas pelos cientistas, como também ameaçavam convicções filosóficas e até teológicas.

Seria uma ilusão a ideia de que cada um de nós é um "eu"? Se existem dois "seres" dentro de nós, isso quer dizer que somos duas pessoas ou que temos duas almas? Essas não são questões com as quais a ciência se preocupa, mas Bogen não quis se submeter a ataques possivelmente devastadores de cientistas ou de quem quer que fosse, e por isso pediu a Sperry para retirar seu nome das publicações. Contudo, o trabalho resistiu ao teste do tempo, e em 1981 Sperry ganhou o Prêmio Nobel por sua descoberta.

Sperry morreu em 1994 – mais ou menos três décadas depois de sua revolucionária pesquisa. Durante esses anos, os cientistas continuaram a explorar os papéis dos dois hemisférios, mas o progresso foi lento. Infelizmente, só pouco depois da morte de Sperry o ritmo se acelerou por conta da disponibilidade da fMRI e de outras tecnologias de imagem do cérebro.

As duas últimas décadas viram uma explosão de revelações referentes aos papéis dos dois hemisférios e das estruturas de cada um. E, nos anos recentes, uma conclusão espantosa dessa pesquisa é que certa estrutura do outrora ironizado hemisfério direito tem um talento especial para gerar as ideias originais em grande demanda quando um organismo se confronta com o novo ou a mudança, ou com um desafio intelectual aparentemente intratável.

A relação entre linguagem e solução de problemas

A origem das novas ideias é uma das preocupações do campo da psicologia cognitiva, o estudo de como os seres humanos pensam. Até pouco tempo atrás, os cientistas extraíam suas conclusões apenas da abordagem indireta proporcionada por estudos comportamentais – e por meio de adivinhação. Mas, durante os anos 1990, o campo deu origem a um novo tipo de ciência, chamada neurociência cognitiva, que recorre a evidências derivadas das novas tecnologias de imagem do cérebro. Os pioneiros dessa área tinham como objetivo usar esses instrumentos para estudar os processos físicos no cérebro que produzem nossos pensamentos, sentimentos e comportamentos – e compreender como estão relacionados uns com os outros e como podemos manipulá-los. As novas tecnologias, eles reconheceram, possibilitavam não só entender a maneira como pensamos, mas também como ajudar a mudá-la.

Um desses pioneiros foi John Kounios, então jovem professor-assistente na Universidade Tufts. Kounios concentrou-se em empregar uma tecnologia para estudar o que são chamados de PER para investigar como o cérebro processa a linguagem. O acrônimo é resultado de "potenciais de eventos relacionados", as atividades elétricas no cérebro que resultam de um estímulo interno ou externo. Desde o trabalho de Berger já se sabia que é possível medir os PER usando o EEG, mas a nova tecnologia combinava isso a poderosos computadores para criar uma imagem muito mais precisa.

Um dia, enquanto analisava a periodicidade da atividade neural quando o cérebro se empenha para entender o significado de palavras ou sentenças, o próprio cérebro de Kounios fez uma nova associação. De repente ele viu uma analogia entre os processos envolvidos na compreensão do significado de uma sentença e o pensamento flexível exigido para forjar uma resposta para um ousado desafio mental – o tipo de pensamento que levou Low à sua grande ideia durante a Segunda Guerra Mundial, ou algo que você pode utilizar para responder a uma nova circunstância na vida ou resolver um enigma ou um quebra-cabeça intelectual.

No que as sentenças se parecem com quebra-cabeças? Cada sentença é uma lista ordenada de palavras e pontuações. Mas a maioria das palavras tem significados múltiplos, e esses significados podem ser combinados de diferentes maneiras, dependendo da gramática e do contexto. Este é o quebra-cabeça: escolher entre as várias definições das palavras individuais de forma que toda a sentença tenha significado, um significado que se encaixe no contexto maior, se houver. Realmente é um exercício de pensamento integrativo: em vez de tentar decidir o significado de cada palavra falada, o cérebro mantém a sentença inteira e o contexto maior em mente enquanto entende as palavras.

Para conseguir isso, quando ouvimos ou lemos cada palavra, mantemos suas possíveis definições na nossa memória funcional, enquanto nosso cérebro processa as outras palavras da sentença e considera seu escopo de definições. Só no fim é que juntamos tudo. Por exemplo, considere a sentença: "O professor de culinária disse que as crianças demoram mais tempo para cozinhar." Quando você lê a frase, sua mente inconsciente logo seleciona os vários significados de todas as palavras e escolhe os mais apropriados. Agora leia esta sentença: "O canibal disse que as crianças demoram mais tempo para cozinhar." O mais provável é que você atribua um significado diferente à palavra "cozinhar". Essa sentença difere da anterior apenas em uma palavra, mas essa palavra altera o contexto, assim como a interpretação do seu cérebro das palavras que se seguem. Da mesma forma, se for acrescentada um vírgula à frase "Não tenha clemência!"– "Não, tenha clemência!" –, você vai atribuir um sentido diferente a ela.

Uma das coisas notáveis do cérebro humano é que, quando ouvimos ou lemos sentenças, o significado apropriado vem à mente rapidamente e sem esforço consciente. Mas isso só porque temos um cérebro com um inconsciente afinado para tanto – graças a milhões de anos de evolução que propiciaram o nosso hardware cerebral e a muitos milhares de horas de exposição à nossa língua nativa que nos permite programá-lo. Avaliamos a dimensão dessa dádiva quando escutamos ou lemos uma língua que não conhecemos bem. A tarefa é lenta e trabalhosa, pois nosso hardware inconsciente não está treinado, e é preciso decifrar conscientemente o significado das palavras.

Nos anos 1950, quando o computador digital ainda era uma invenção nova e os cientistas da informação acreditavam que a inteligência artificial logo se compararia à dos seres humanos, os linguistas de computação subestimaram muito o poder do nosso processamento de linguagem inconsciente. Acharam que seria fácil programar um computador para replicá-lo. Esse insucesso é ilustrado pela história de um dos primeiros computadores, que traduziu a homilia "O espírito é voluntarioso, mas a carne é fraca" para o russo e depois de novo para o inglês e obteve: "A vodca é forte, mas a carne é podre." Antes de ser convertido à abordagem net-neural, o Google Tradutor ainda cometia erros semelhantes.

O julgamento dos hemisférios

Quando ficou curioso a respeito da relação entre a capacidade do cérebro para compreender a linguagem e outros tipos de solução de problemas, Kounios começou a pesquisar a bibliografia existente. Encontrou um bocado de trabalhos em que os psicólogos haviam conseguido mostrar vários desafios intelectuais para um dos lados do cérebro ou só para o outro, como Sperry fizera em seus experimentos com os gatos.

Esses cientistas tinham descoberto pistas intrigantes de que o hemisfério direito desempenhava um papel especial na geração de ideias imaginativas, mas esses trabalhos se baseavam em relatos dos próprios sujeitos da pesquisa para determinar o que estavam pensando. Por infortúnio, o discernimento de muita gente não vai além de reconhecer que quer tomar uma cerveja. Portanto, mesmo quando não existem vieses em jogo, esses relatos podem não ser confiáveis.

Quanto não são confiáveis? O hábito de tirar conclusões sem realmente saber por que as tomamos me incomodava quando eu trabalhei, durante uma temporada, como roteirista da equipe de *Star Trek – A nova geração*. Ao contrário de minhas escolhas pessoais, ou as que eu fazia em minhas pesquisas sobre física, as escolhas que fazíamos naquela série de televisão podiam surtir um grande efeito sobre as pessoas – por exemplo, quando comprávamos ou recusávamos ofertas de roteiros ou fazíamos julgamentos sobre o elenco. E assim, nas vezes em que participei em decisões de elenco, eu sempre perguntava o que o(s) produtor(es) via(m) na escolha de atores ou atrizes. Eles diziam coisas como "Ele tem presença". Diante dessa resposta, minha mente analítica e literal perguntava: *O que isso quer dizer?* Quem não tem presença? Só alguém que não aparece para fazer o teste, certo? Em retrospecto, percebo que as respostas dos produtores retratavam uma conexão que eles *sentiam* em nível inconsciente. Contudo, em geral era difícil para eles articularem a fonte da conexão.

Baseado no que os cientistas descobriram nas décadas seguintes, agora sabemos que a arquitetura do cérebro nos expõe a influências de bastidores que a mente inconsciente exerce sobre nosso pensamento. Por conseguinte, embora a introspecção possa ajudar a iluminar aspectos do raciocínio *consciente* e analítico na solução de problemas, ela não proporciona muitos insights sobre o pensamento flexível. Mas eram justamente esses processos elásticos subliminares que Kounios desconfiava resultarem em momentos de súbito insight, tão famosos nos anais da descoberta e da inovação, e em momentos reveladores da nossa vida. Como resultado, apesar de dezenas de estudos comportamentais, enquanto os pesquisadores dependessem de relatos pessoais, a ciência do insight dificilmente progrediria.

Antes de adentrarmos mais a fundo na ciência do insight, seria bom tirar um tempo para considerar o que os psicólogos cognitivos querem dizer por "ideia" e "insight". No jargão normal, uma ideia pode ser um composto, desenvolvido por um longo período de tempo e formado por muitas noções componentes, como em "a ideia do quantum". Na ciência do pensamento, contudo, uma "ideia" em geral se refere a algo mais simples, cuja complexidade pode estar contida num único pensamento, que subitamente estala na nossa consciência. Um "insight" é definido como uma ideia (desse tipo) que representa uma maneira original e frutífera de entender um assunto ou abordar um problema.

> A origem do insight era um quebra-cabeça fascinante – diz Kounios –, e eu sabia que resolver isso seria importante para o sucesso econômico das pessoas. Mas, por alguma razão, praticamente não havia nenhum estudo da neurociência a respeito na época. Isso era bom, pois meu laboratório era pequeno, e os laboratórios maiores e com mais recursos sempre têm uma enorme vantagem. Eles tinham mais pessoal e equipamentos melhores, e podiam produzir resultados mais depressa. Mas eles não estavam trabalhando com o insight.[11]

E assim Kounios tomou a firme decisão de, durante a fase seguinte de sua carreira, trabalhar para entender esses momentos usando as ferramentas tecnológicas que utilizara para estudar a atividade neural na decodificação de sentenças.

Ao mesmo tempo que John Kounios começava a se concentrar na base psicológica do insight, a centenas de quilômetros dali, no Instituto Nacional de Saúde, Mark Beeman fazia o mesmo. Assim como Kounios, Beeman estudava o processo da linguagem. E também como Kounios, tinha lido sobre os trabalhos pioneiros de Sperry na faculdade, e se mostrava surpreso como tanta gente continuava a ignorar o papel do hemisfério direito do cérebro.

Da mesma forma que os céticos dos tempos de Sperry, a falta de interesse baseava-se na observação de pacientes que haviam sofrido derrames e outros danos com lesões cerebrais no hemisfério direito. As deficiências mentais desses pacientes eram mais sutis que as deficiências dos pacientes com lesões no hemisfério esquerdo, mas Beeman estava convencido de que eram importantes. Por exemplo, pessoas com certas lesões no hemisfério esquerdo perdiam a capacidade da fala, o que não acontecia com as que sofriam lesões no hemisfério direito. Mas pacientes com lesões no hemisfério direito apresentam alguns problemas de linguagem. Apesar de ainda conseguirem falar, "eles têm problemas para entender piadas e metáforas, para identificar o tema de uma história ou deduzir inferências", diz Beeman.[12] Para ele, essas questões eram a chave para entender o papel do hemisfério direito.

O que essas deficiências na linguagem têm em comum? O que entender uma piada tem a ver com compreender uma metáfora? A exemplo de Kounios, Beeman pensou sobre como nosso cérebro decifra a linguagem. Quando você encontra uma palavra e seu inconsciente extrai dela todos os vários significados possíveis, ele determina a probabilidade de cada significado ser apropriado para a sentença em questão. O significado mais óbvio e comum começa com as probabilidades mais altas. À medida que você continua ouvindo a sentença, as probabilidades são atualizadas de acordo com o contexto.

As associações que você relaciona aos significados das palavras têm um papel importante nesse processo. Quando você ouve uma sentença, seu cérebro procura onde as associações de todas as palavras da sentença se sobrepõem, e usa essa informação para fazer sua melhor avaliação em relação ao que o interlocutor está tentando transmitir. Por exemplo, no caso da sentença "O professor de culinária disse que as crianças demoram mais para cozinhar", o contexto associado a "professor de culinária" diz ao seu cérebro que o significado apropriado do trecho "demoram mais para cozinhar" tem a ver com o aprendizado das crianças. Por outro lado, quando você lê a sentença "O canibal disse que as crianças demoram mais para cozinhar", o contexto associado a "canibal" diz que "demoram mais para cozinhar" tem a ver com crianças sendo cozidas para serem comidas.

Embora essas sejam as interpretações mais óbvias e prováveis dessas sentenças, ambas poderiam ter sido formuladas de outra maneira. O autor da sentença "O professor de culinária disse que as crianças demoram mais tempo para cozinhar" talvez quisesse dizer que o professor de culinária estava reclamando do tempo de cozimento das crianças, e o autor de "O canibal disse que as crianças demoram mais tempo para cozinhar" talvez quisesse dizer que o canibal não dá valor à capacidade culinária das crianças. Sua mente consciente notou essas possibilidades, mas provavelmente não o tornou ciente dessas improváveis interpretações (os psicólogos as chamam de "remotas").

Antes de uma ideia passar ao seu consciente, o cérebro faz uma espécie de julgamento, considerando todas as evidências dos vários significados produzidos pela mente inconsciente. Só então ele transmite ao seu consciente o que considerou a melhor avaliação. Enquanto o cérebro pesa os significados, os dois hemisférios debatem sobre as coisas. O hemisfério esquerdo defende os significados óbvios e literais, enquanto o hemisfério direito fica com os pobres-diabos, os significados que a princípio parecem remotos, um pouco exagerados, mas que às vezes podem ser a interpretação correta.

Beeman percebeu que, quando se observa o papel dos hemisférios dessa forma, as deficiências de linguagem de pacientes com lesões no hemisfério direito fazem sentido. Vamos considerar as metáforas. Elas são figuras de linguagem em que uma palavra ou frase que em geral significam uma coisa são usadas para significar outra. A palavra *luz* costuma se referir ao fenômeno eletromagnético, mas em "a luz da minha vida" significa alegria e felicidade. A palavra *coração* em geral se refere ao órgão, mas em "coração partido" ela denota um estado emocional. Quando você entende uma metáfora, foi porque seu cérebro direito defendeu os tipos de associação difusos que permitem a compreensão dessas expressões – o que explica por que você não conseguiria entender as metáforas se sofresse um derrame no centro de linguagem do hemisfério direito.

Piadas costumam seguir um processo semelhante. Vamos considerar o seguinte monólogo de Conan O'Brien: "Dizem que, por causa do nascimento de sua filha mais nova, Chris Brown resolveu parar de chamar as mulheres de *piranhas* em suas músicas. Ele falou que agora vai se ater ao termo mais tradicional, *cachorras*."[13]

O termo *tradicional* normalmente remete ao contexto de uma cultura há muito estabelecida, ou até a antigas práticas religiosas. Em comparação, o uso da palavra "cachorra" nos círculos de hip-hop para se referir genericamente a qualquer mulher é recente. Por essa razão, essa piada confundiria o seu cérebro esquerdo – quando *tradicional* é compreendido da forma habitual, *cachorra* é um *non sequitur*. Mas o cérebro direito percebe isso – permitindo uma interpretação mais ampla e difusa do termo *tradicional*, que possibilita o sarcasmo. Beeman ficou impressionado com a capacidade de "lógica difusa" do cérebro direito e curioso quanto a possíveis aplicações fora do processo de linguagem. "Aí a coisa me bateu", diz ele. "Percebi que o papel do hemisfério direito no insight é semelhante ao seu papel na linguagem." Ele e Kounios caminhavam agora na mesma direção.

O processo mental do insight

Os caminhos de Kounios e Beeman cruzaram-se no final de 2000. Kounios havia realizado seus estudos de PER usando o EEG, mas Beeman já conhecia a nova tecnologia de fMRI. Para determinar a periodicidade, o EEG é bem superior, mas o fMRI fornece mapas mais precisos da estrutura e da ativação do cérebro – exatamente o que o EEG não faz muito bem. "Quando pensava sobre isso, me deu o clique", contou-me Kounios. "Percebemos que, se trabalhássemos juntos, poderíamos dizer tanto *quando* quanto *onde* as coisas acontecem." Os dois concordaram em formar uma parceria.

Kounios e Beeman resolveram elaborar uma série de estudos paralelos. Recrutariam seus sujeitos e registrariam suas respostas cerebrais nos respectivos laboratórios, empregando as respectivas tecnologias. Mas apresentariam os mesmos quebra-cabeças nos dois laboratórios. Dessa forma, Kounios registraria o tempo das respostas do cérebro e Beeman, a geografia. Ao combinar os dados, os dois obteriam uma imagem completa de quais estruturas do cérebro eram ativadas e como eram orquestradas.

Kounios e Beeman se empenharam em elaborar um jogo de palavras que pudesse ser solucionado *tanto* por insight inconsciente *quanto* por raciocínio analítico consciente. Resolveram usar uma espécie de provocação cerebral padronizada por enigmas no que os psicólogos chamam de teste de associações remotas, ou RAT (na sigla em inglês para *remote associated text*).[14] Denominaram suas variáveis de "problemas compostos de associação remota", ou CRA (*compound remote associate problems*, na sigla em inglês), encurtando a escolha mais óbvia do acrônimo porque, embora alguns pesquisadores possam ser definidos por essa palavra, ninguém quer que ela apareça em seus artigos.*

Eis como funciona o CRA. Três palavras eram mostradas aos participantes – por exemplo, *pinho*, *siri* e *molho*. E pedia-se que pensassem numa "palavra-solução", uma quarta palavra que pudesse formar uma palavra composta ou frase quando ligada a qualquer uma dessas três palavras. A palavra-solução poderia vir antes ou depois das palavras apresentadas. Por exemplo, vamos considerar a palavra *nozes*. "Nozes de pinho" funciona, assim como "molho de nozes". Mas nem "nozes de siri" nem "siri de nozes" faz sentido, por isso a palavra *nozes* não serviria como solução.

Para avaliar o processo mental monitorado por Kounios e Beeman nos respectivos laboratórios, seria útil você tentar resolver o CRA *pinho-siri-molho*. Seus pesquisados resolveram somente 59% dos enigmas, por isso não se preocupe se você não conseguir. O importante é assimilar o processo; então, sugiro que dê meio minuto antes de continuar a leitura. Vamos chegar à solução adiante.

Kounios e Beeman projetaram os enigmas de forma que duas das três palavras evocassem associações fortes e óbvias. Nesse caso, *pinho* parece implicar uma espécie de árvore, por isso palavras como *cone* (*coníferas*) e *árvore* (*pinheiro*) vêm logo à mente. *Siri* traz à mente o crustáceo, por isso palavras como *casca* (*casquinha de siri*) e *carne* (*carne de siri*) piscam logo no consciente. Mas como nenhuma dessas palavras combina bem com as outras duas, você já percebeu que a palavra-solução pro-

---

* O que daria Crap; *crap*, em inglês, quer dizer "merda", daí o trocadilho. (N.T.)

vavelmente não tem nada a ver com árvores ou crustáceos. Em outras palavras, para solucionar o enigma é preciso abandonar a associação imediata de *pinho* com árvores e de *siri* com crustáceos e deixar associações remotas, mais fracas e menos óbvias, entrarem no jogo. Isso é o que torna o problema difícil, mas essa é a questão do insight – fazer as associações incomuns, por meio do pensamento flexível, que o pensamento analítico só descobre com dificuldade.

É possível atacar o enigma com o pensamento analítico consciente. Você começa com *siri*, por exemplo, e gera uma "associação" da palavra, como *casca de siri*. Se, como neste exemplo, a sua palavra (*casca*) não forma uma frase ou uma palavra com *pinho* ou *molho*, você tenta de novo, e continua tentando até chegar à palavra-solução. Mas isso pode se mostrar um processo trabalhoso. Por outro lado, entre os que usam o insight para deixar a mente relaxar e vagar até encontrar a resposta, uma ideia parece surgir de repente, do nada. Nesse caso, a palavra-solução é *bandeja*.

Nos experimentos de Kounios e Beeman, os sujeitos tinham trinta segundos para cada teste. A maioria usou insight em alguns testes e raciocínio analítico em outros – ainda que, apesar do curto tempo disponível, alguns tenham alternado a abordagem no meio do teste. Em cada caso, os participantes relataram qual método os havia levado à solução. Foram resolvidos cerca de 40% mais enigmas utilizando o insight que a análise lógica, e eram os processos de pensamento que levavam a essas soluções que Kounios e Beeman queriam entender.[15]

Os sujeitos de Beeman resolveram seus CRAs dentro de um aparelho de fMRI. Os de Kounios resolveram os deles num laboratório quente e abafado, com o ar-condicionado quebrado, usando uma espécie de touca de banho com dezenas de eletrodos ligados à cabeça. "O suor dos pesquisados interferia nas leituras", lembra-se Kounios. Mas valeu a pena, pois o experimento se tornou clássico. Os resultados a que os dois chegaram iluminou, como nunca antes, o processo mental que produz o insight humano.

Desconstruindo o processo de insight

O que Kounios e Beeman descobriram surpreendeu todo mundo. O destaque é que, embora repentina, nossa experiência consciente do momento do insight vem de uma longa cadeia de eventos de bastidores que espelham o processo envolvido na compreensão da linguagem, com uma divisão de trabalho entre os hemisférios direito e esquerdo.

Eis como Kounios e Beeman desconstruíram o processo de insight, nos jogos de palavras, nos enigmas CRA ou em outros domínios. Quando um problema é apresentado, o cérebro começa a selecionar entre soluções possíveis, assim como entre possíveis significados de uma palavra numa sentença. Isso acontece depressa, fora da nossa consciência. O cérebro esquerdo faz as associações óbvias e levanta todas as respostas óbvias. O cérebro direito procura as associações obscuras e as respostas esquisitas. Para ser exato, Kounios e Beeman descobriram que as respostas esquisitas surgem de um aumento da atividade neural numa dobra do tecido cerebral logo acima do ouvido direito, chamada giro temporal superior anterior (aSTG, na sigla em inglês para *anterior superior temporal gyrus*).

As diferentes abordagens feitas pelos hemisférios direito e esquerdo do cérebro ilustram a sabedoria da observação de Sperry, mais de meio século antes, de que eles funcionam como dois sistemas cognitivos diferentes. No fundo da mente consciente, cada hemisfério batalha para ter suas ideias aceitas pelo júri do cérebro executivo e se alçar à percepção consciente. Mas parece haver também um juiz que pode influenciar nos procedimentos. Trata-se de uma misteriosa estrutura no cérebro que os neurocientistas chamam de córtex cingulado anterior, ou CCA, pouco acima do corpo caloso.

Um dos papéis do CCA é monitorar outras regiões do cérebro.[16] Eu o chamo de juiz porque – embora isso ainda não tenha sido comprovado – os cientistas teorizam o seguinte: quando os cérebros direito e esquerdo estão fazendo suas diferentes abordagens a um problema, o CCA pode interferir e agir para controlar a intensidade relativa com que os dois hemisférios são ouvidos.

Quando você considera um problema pela primeira vez, seu cérebro executivo fornece um foco estreito. Ignora ideias estranhas e direciona sua percepção consciente ao que já foi demonstrado como o verdadeiro, o literal, o lógico ou a mais óbvia das respostas possíveis produzidas pelo seu cérebro associativo. Assim, os palpites do cérebro esquerdo tendem a chegar primeiro ao consciente. Isso faz sentido, pois as ideias normais ou não originais em geral são suficientes.

Segundo a teoria dos cientistas, se essas ideias iniciais não levarem a uma resposta, o CCA aumenta o escopo de sua atenção, afrouxando o foco nas ideias convencionais do hemisfério esquerdo e permitindo que mais ideias originais propostas pelo direito cheguem à superfície.

Grosso modo, seu CCA consegue isso desligando o córtex visual direito – a parte do hemisfério direito responsável pelo processamento da informação visual. É como fechar os olhos para se concentrar quando se está tentando resolver um problema difícil, mas, nesse caso, o CCA está bloqueando apenas a informação visual do hemisfério direito. Essa supressão da atividade visual permite que ideias geradas no aSTG direito se reanimem e fiquem mais fortes para irromper na sua consciência. Por isso é importante ter garra. Quando você chega a um impasse, pode se sentir frustrado e se vê tentado a desistir, mas este é precisamente o momento em que, se você continuar lutando, seu CCA entra em ação e começam a surgir as ideias mais originais.

Os insights estão entre as maiores realizações do nosso processo de pensamento flexível, e foi uma grande façanha entender afinal o mecanismo que nos transpõe do impasse ao insight. Mas Kounios e Beeman fizeram outra importante descoberta. Quando revisaram a atividade cerebral de seus sujeitos, viram que algumas vezes havia uma distinta ativação neural nos que prosseguiam para resolver o problema por meio de um súbito insight, padrões que surgiam antes do insight. Aliás, eles se tornavam aparentes vários segundos *antes de o problema ser apresentado.*

Aparentemente, a atividade refletia uma postura mental de insight. O cérebro de certos participantes parecia estar preparado para o insight por causa de seu estado psicológico, que por alguma razão estabelecia as condições antecipadamente a fim de que o hemisfério direito fosse ouvido. O mecanismo neural pelo qual o indivíduo assume o controle desse processo ainda não foi compreendido, mas implica que é possível fomentar insights e estabelecer a base para o que mais tarde parece uma geração espontânea de novas ideias. A chave é abordar o problema com a mente "relaxada", em vez de se concentrar intensamente na aplicação da lógica direta.

Eu vivenciei esse fenômeno quando era um jovem físico. Estava procurando a resposta para um problema bastante complexo. Tinha encontrado uma abordagem matemática imaginativa que sabia que funcionaria, mas era intrincada e tediosa. Vinha seguindo aquela abordagem com grande concentração havia vários dias, e ainda tinha um longo caminho a percorrer, quando chegou a noite de sexta-feira. Eu tinha convidado uma moça para jantar naquela noite, por isso foi difícil relaxar para me encontrar com ela no restaurante. Tinha acabado de pedir um linguine quando, sem aviso, um elegante truque para resolver meu problema com relativa facilidade eclodiu em minha consciência. Parece que minha concentração na abordagem direta vinha interferindo na capacidade de encontrar aquele método superior.

Quando aquela ideia me ocorreu, senti um impulso irresistível de elaborar os detalhes matemáticos para confirmar que minha ideia iria funcionar. Como dizer a uma mulher que ela é cativante, mas será que poderia esperar cinco minutos até eu rabiscar algumas equações no guardanapo? Eu estava a fim de uma noite romântica, mas quando ela segurava na minha mão, minha cabeça estava enfiada na geometria de um espaço dimensional infinito.

Naquela noite aprendi a lição do trabalho de Kounios e Beeman: quando se ataca um problema difícil, a impaciência para fazer progressos pode resultar numa solução não tão apropriada, por bloquear a capacidade de descobrir um resultado melhor. Adotar uma postura mental relaxada, por sua vez, faz com que surjam respostas originais e imaginativas. E assim, ao permitir que a mente se afrouxe, você caminha no sentido de despertar seu CCA e desencadear a potência dos insights.

Para os que estiverem interessados, é possível praticar esse controle. Basta procurar no Google "remote associate test" e fazer alguns testes oferecidos on-line. Em cada instância, você pode decidir se concentrar na abordagem analítica ou elástica e observar a diferença no pensamento.

Kounios me contou sobre a ocasião em que um praticante de meditação zen-budista visitou seu laboratório. Ele perguntou se o homem queria tentar uma série de CRAs.[17] O meditador concordou. Mas sua mente era tão focada que as estranhas associações de palavras exigidas pelos CRAs não surgiram com facilidade. Tentou várias vezes, mas não conseguiu produzir uma solução no tempo determinado. O meditador estava indo tão mal, disse Kounios, que ele decidiu interromper a sessão para poupar o homem de novos constrangimentos. Mas antes de ele fazer isso, o meditador finalmente acertou uma. Que foi seguida por outra, e depois por outra. Daquele momento em diante, ele acertou quase todas as respostas.

Parece que, ao perceber o fracasso de sua abordagem, o meditador assumiu o controle de sua mente e estimulou o CCA a ampliar a perspectiva. E manteve essa atenção mais ampla em um problema atrás do outro para conseguir, no fim, um desempenho fantástico.

Para avaliar quanto aquela façanha foi impressionante, considere que durante anos, tendo testado centenas de sujeitos em CRA, Kounios nunca havia observado qualquer evidência de que a prática de uma única sessão melhorasse os resultados do participante. Só esse meditador, com uma enorme consciência de seus processos de pensamento e uma grande capacidade de controlar seu estado mental, percebeu a importância da postura mental e foi capaz de ligar um interruptor no cérebro para se sair bem.

Nos anos recentes, os neurocientistas descobriram que o exercício de "Atenção plena aos pensamentos" que apresentei no Capítulo 2 – na verdade uma forma de meditação – promove as habilidades demonstradas pelo meditador zen. Um estudo de 2012, por exemplo, mostrou que essa meditação aumenta a capacidade de alargar seu foco à vontade, de forma que a mente possa rápida e livremente pular de uma ideia para outra, abrangendo tanto o comum quanto o não convencional.[18]

Não foi por acaso que a característica de atenção plena surgiu de novo aqui. No Capítulo 2 falei sobre ela no contexto de se livrar do pensamento automático. O desafio do insight é uma questão análoga a se libertar do pensamento estrito e convencional. Se você estiver interessado em avaliar seu grau de atenção plena, responda às seguintes perguntas que pesquisadores em psicologia utilizam para medir essa característica.[19] Simplesmente use a escala de 1 a 6 para medir a frequência ou a infrequência com que você passa em cada uma das experiências cotidianas relacionadas no questionário a seguir.

1 = quase sempre
2 = com muita frequência
3 = mais ou menos com frequência
4 = mais ou menos com infrequência
5 = com muita infrequência
6 = quase nunca

Aqui vão as afirmações:

1. Eu quebro ou derramo coisas por descuido, por não prestar atenção ou estar pensando em outra coisa. _____
2. Minha tendência é andar depressa para chegar aonde vou sem prestar atenção ao que vivencio no caminho. _____
3. Minha tendência é não notar sentimentos, tensão física ou desconforto até que eles realmente chamem minha atenção. _____
4. Esqueço o nome de uma pessoa assim que ela me diz pela primeira vez. _____

5. Eu me pego ouvindo vagamente alguém e fazendo alguma outra coisa ao mesmo tempo. _____

Total: _____

Os números de pontos possíveis nesse questionário variam de 5 a 30. A média é de aproximadamente 15, e mais ou menos dois terços de todos os que fazem o teste ficam na faixa de 12 a 18.

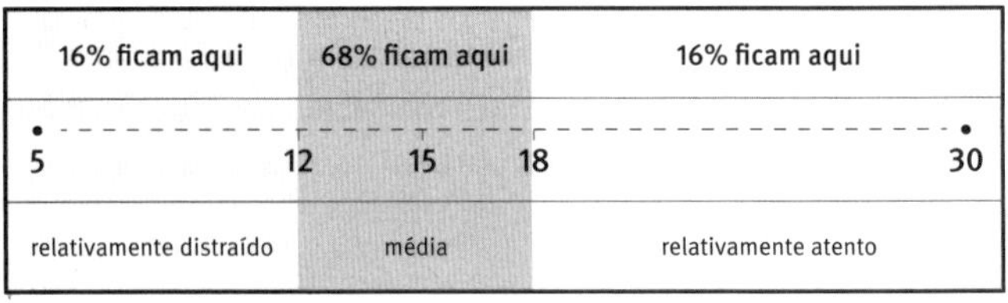

Distribuição de pontos em atenção plena.

Aumentar nosso grau de atenção plena é uma boa maneira de estimular o insight, mas não a única. Você também pode cultivar o insight ajustando suas condições externas. Por exemplo, pesquisas mostram que sentar num quarto escuro ou fechar os olhos pode ampliar sua perspectiva; assim como ambientes mais amplos ou até tetos mais altos.[20] Tetos baixos, corredores estreitos e escritórios sem janelas têm o efeito contrário. Num recinto bem iluminado torna-se difícil ignorar objetos ao redor que estimulem pensamentos cotidianos, afastando todas as reflexões imaginativas do hemisfério direito.

Ter capacidade de pensar sem qualquer tipo de pressão quanto aos prazos também é benéfico para gerar insight, pois se você tiver de começar alguma coisa de imediato, essa exigência atrai sua mente para o mundo externo e impede o surgimento de uma ideia inconsciente no seu consciente. Talvez o mais importante: interrupções são fatais se você estiver batalhando por um insight. Um telefonema breve, um e-mail ou mensagem de texto redirecionam sua atenção e seus pensamentos e, uma vez lá, podem levar um bom tempo para voltar. Até mesmo *pensar* que alguma mensagem está aguardando resposta pode surtir o mesmo efeito. Por isso, encontre um local isolado, desligue o telefone e não abra sua caixa de e-mail no computador.

Todos esses passos são maneiras úteis de ajustar nosso ambiente ou circunstâncias para facilitar a geração de ideias e insights originais. Na Parte IV, vamos examinar as características pessoais que nos ajudam ou atrapalham e como, ao contrário do que costumava dizer a sabedoria tradicional, podemos alterar nosso estilo natural de pensamento para nos adaptarmos melhor às exigências da sociedade atual.

PARTE IV

Libertando seu cérebro

8. Como o pensamento se cristaliza

Construindo vidas e castiçais

Jonathan Franzen está vivendo uma segunda vida. Ele iniciou os planos da primeira vida quando se casou com a namorada da época do Swarthmore College. Seus cabelos grisalhos e desgrenhados, os óculos de plástico preto e a barba sempre por fazer conferiam a ele um ar desprendido e intelectual que se encaixavam perfeitamente com sua atitude original. "Nós planejávamos escrever obras-primas da literatura que seriam publicadas e nos dariam uma reputação", ele me diz. "Quando chegamos aos trinta anos, tínhamos bons empregos, éramos professores numa boa faculdade, morávamos numa velha casa vitoriana, tínhamos um casal de filhos e uma boa vida literária."

Conhecendo o mercado literário, tanto para escritores quanto para professores de literatura, achei aquela postura estranhamente autoconfiante, como se, na faculdade, eu tivesse feito planos para descobrir uma nova partícula elementar para depois me assentar como professor em Harvard. Mas Franzen não mostra nenhum sinal de ironia ao expor seu pensamento. Em sua mente ainda jovem, o sonho deve ter parecido realizável. Ele chegou até a predeterminar o tipo de livro que escreveria. "Meus pais tinham me orientado a fazer algo útil para a sociedade", continua. A sensação de responsabilidade daí resultante teve uma enorme influência na forma como ele via seu talento. "Eu precisava tornar o mundo um lugar melhor", ele me explica. "E por isso imaginei que teria de haver uma espécie de crítica social ou política inserida em meus livros, que eles deveriam ser sobre o destino de uma cidade ou de um país."

Como pode acontecer até com os planos mais bem-elaborados, as coisas não funcionaram como ele havia imaginado. O primeiro romance de Franzen, *The Twenty-Seventh City* (1988), teve críticas favoráveis, mas não vendas espetaculares. O segundo livro, *Strong Motion* (1992), teve pouco impacto e vendas decepcionantes. Sua carreira estagnou e, pior, ele começou a considerá-la insatisfatória. Para Franzen, foram tempos difíceis.

Alguma coisa tinha de mudar. Para reinventar sua carreira, contudo, Franzen teria de superar um fenômeno que os psicólogos chamam de "fixação funcional". O termo se refere à dificuldade que as pessoas têm para perceber que uma ferramenta tradicionalmente usada para um propósito pode ser usada para outro de forma positiva. Considere o seguinte experimento clássico.

Os pesquisados recebem um caixa de tachinhas e uma carteira de fósforos e precisam arranjar uma maneira de pregar uma vela numa parede de forma a queimar adequadamente.[1]

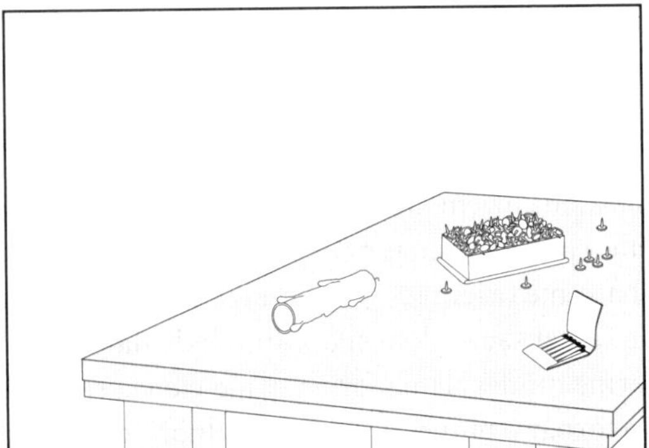

Geralmente, as pessoas tentam usar os itens da maneira convencional. Tentam pregar a vela na parede ou acendê-la para fixá-la com a parafina derretida. Claro que os psicólogos já tinham dado um jeito para que nenhuma dessas abordagens óbvias funcionasse. As tachinhas eram curtas demais e a parafina não gruda na parede. Então, como realizar a tarefa?

A técnica que dá certo é usar a caixa como castiçal. Você esvazia a caixa de tachinhas, prega-a na parede e coloca a vela dentro, como mostrado a seguir. Para pensar nisso, é preciso enxergar além do papel usual da caixa como receptáculo e reimaginá-la para servir a um propósito inteiramente novo. Os pesquisados tiveram dificuldade para fazer isso porque sua familiaridade com o uso comum da caixa interferia na capacidade de imaginar uma nova utilização.

O que nos traz de volta a Franzen. Sua ferramenta ainda era o talento, e sua fixação teve origem na grande visão desenvolvida para sua vida e sua arte. A fim de conseguir recomeçar a carreira, ele precisava ver que, assim como a caixa de tachinhas, seu talento como escritor podia ser aplicado de outra maneira – para escrever outro tipo de livro.

No experimento com a vela, quando se dava o prazo de alguns minutos, cerca de três quartos dos participantes não conseguiam encontrar a solução. Crianças mais novas têm um desempenho muito melhor diante deste ou de outros enigmas propostos por psicólogos pesquisadores.[2] Num dos estudos, o mesmo aconteceu com membros de uma tribo de caçadores-coletores da floresta Amazônica no Equador.[3] Nem as crianças nem os caçadores-coletores tinham experiência com o uso normal dos itens fornecidos, o que os fez se saírem melhor que os que já tinham pressupostos sobre os usos com base na longa familiaridade com os objetos.

Quando tomamos um caminho na vida, tendemos a segui-lo, para o melhor ou para o pior. O triste dessa situação é que, dado o primeiro passo, costumamos aceitar o resultado de qualquer jeito – não por termos medo de mudar, mas porque a essa altura já estamos tão acostumados com o jeito como as coisas são que nem admitimos que elas podem ser diferentes.

Nos capítulos anteriores, falei sobre a importância de como enquadramos um problema ou tema, e como geramos novas ideias e chegamos a insights em desafios que nos desnorteiam. Neste e nos próximos três capítulos, vou examinar o outro lado da moeda – o que nos detém e como podemos superar isso.

A inércia do pensamento

Na definição dos psicólogos, a fixação funcional é a maneira como o modo usual de pensamento pode restringir o espectro de novas ideias no contexto da utilização de uma ferramenta.

Mas essa é apenas uma das manifestações da forma como o cérebro humano lida com situações desconhecidas. Pode-se chamar isso de "inércia do pensamento". Assim como uma massa na primeira lei do movimento de Newton, quando apontada numa direção, a mente tende a continuar nessa direção a não ser que depare com uma força externa, o que é um empecilho para muitos de nós, impedindo-nos de ver as mudanças que melhorariam nosso nível de satisfação na vida. De maneira mais geral, prejudica a capacidade de pensar em novas abordagens e em ideias imaginativas.

Diante de uma nova circunstância, a inércia do pensamento habitual pode condená-lo a tentar encaixar pinos quadrados em buracos redondos. Ao encontrar um desafio incomum, a mente cria uma nova resposta apropriada ou se apega a ideias e conceitos conhecidos? Você vê a caixa de tachinhas como um objeto cheio de potencial ou como mero receptáculo para guardar tachinhas?

Uma situação nova ou alterada propicia a força necessária para mudar a direção do pensamento. Para alguns de nós, basta um pequeno empurrão. Outros precisam dar de cara numa parede. Franzen deu de cara na parede. Depois do fracasso de *Strong Motion*, depois de mais de dez anos, seu casamento começou a ratear. Mais tarde o pai foi acometido pelo mal de Alzheimer. A série de eventos resultou em anos de desalento e depressão. Mas também redundou em algo bom, pois todas essas irrupções o libertaram de sua maneira fixa de pensar sobre si mesmo. Em relação à sua carreira, ele começou a ver que a ferramenta de seu talento para escrever, a exemplo da caixa de tachinhas dos psicólogos, podia ser empregada de uma forma nunca antes imaginada, e essa nova liberdade o transformou totalmente como escritor.

"Percebi que estava tentando escrever sobre algo em que eu não era o melhor", explica. "Então abandonei minha noção do lugar do romance no mundo e decidi escrever sobre os problemas de um conjunto de personagens, não os da sociedade." Quando Franzen fala, suas palavras são bem ponderadas, soam mais como uma declaração sobre a filosofia da literatura que como revelação pessoal. Mas a mudança que ele descreve foi enorme.

Com o passar do tempo, as implicações operacionais da conclusão de Franzen se encaixaram em seus devidos lugares. Ele parou de se preocupar em escrever sobre as massas e percebeu que deveria escrever sobre pessoas que adoram livros. Já seria suficiente se conseguisse proporcionar um bom divertimento a esses leitores, propiciando elucidações sobre problemas que todos enfrentamos e fazendo com que se sentissem menos sozinhos. "Comecei a elaborar meus romances como uma série de módulos interligados, cada qual focado na trajetória de um personagem", diz. "E parei de me preocupar em criar tramas mais pretensiosas. Minha maior ruptura foi perceber que podia escrever um livro inteiro ao redor da pergunta: 'Uma mulher vai reunir a família para o Natal?'"

Essa foi uma grande mudança de abordagem, mas funcionou. Em 2001, Franzen publicou *As correções*, que foi muito elogiado, e desde então sua carreira deslanchou. Tornou-se um ficcionista americano escritor de best-sellers. Ganhou o National Book Award e apareceu na capa da revista *Time* sob o título "Grande romancista americano".

No prefácio de *Teoria geral do emprego, do juro e da moeda*, de 1936, o economista John Maynard Keynes registrou: "As ideias aqui tão arduamente expressas são muito simples e deveriam ser óbvias. A dificuldade não está nas novas ideias, mas em fugir das velhas ideias, que se ramificam … em todos os recônditos da nossa mente."[4] O sucesso de Franzen é uma parábola de libertação, uma história dos benefícios do pensamento flexível, do potencial que podemos realizar. A lição é que, ao descartar nossas atitudes rígidas, podemos realizar objetivos que nunca imaginamos possíveis.

Quando o pensamento se cristaliza

Na virada do século XX, o famoso físico sir James Jeans ajudou a deduzir a teoria de um fenômeno chamado radiação do corpo negro. Ele baseou sua teoria nas leis de Newton e na já então conhecida teoria das forças eletromagnéticas. Era uma linda teoria, baseada na física bem-estabelecida. Mas quando Jeans comparou suas previsões com os dados experimentais, a teoria fracassou. Hoje sabemos que a receita matemática era consistente. Só que não era aplicável aos ingredientes que ele estava cozinhando: as leis de Newton não são válidas para os átomos, e é o movimento dos átomos que cria a radiação do corpo negro.

Na mesma época em que Jeans criava sua teoria, um físico obscuro chamado Max Planck cozinhou algo diferente, baseado numa alteração das leis que Newton havia criado. Ele a chamou *princípio quântico*. Ao contrário da teoria de Jeans, a nova receita de Planck resultou em previsões que confirmaram lindamente os dados experimentais. Quando indagado sobre isso, Jeans admitiu que a teoria de Planck funcionava e a dele, não. Mas, acrescentou, assim mesmo continuava acreditando que sua teoria estava correta.[5] Se você perguntasse a sir James Jeans qualquer coisa sobre quase qualquer tópico de física, ele teria uma resposta brilhante. Mas em relação à sua teoria falha, ele falava como um vendedor de carros usados insistindo em que, na verdade, a mecânica não é importante.

A teórica política Hannah Arendt definiu os "pensamentos cristalizados" como ideias e princípios profundamente arraigados que desenvolvemos muito tempo atrás e deixamos de questionar. De seu ponto de vista, a confiança e a aceitação complacente de tais "verdades" eram semelhantes a não pensar, algo como o comportamento roteirizado automático da mamãe gansa, de um computador ou de um ser humano funcionando no piloto automático. Pessoas que funcionam sob os ditames de pensamentos cristalizados podem ser eficientes processadores de informação, mas aceitam cegamente ideias que se encaixam em seus pensamentos cristalizados e resistem a aceitar as que não se encaixam, mesmo quando comprovadas por todas as evidências.

O pensamento cristalizado acontece quando se tem uma orientação fixa que determina a maneira como se enquadra ou se aborda um problema. Nosso desafio é desligar esse modo operacional mental e reexaminar nossos "pensamentos cristalizados" quando for necessário. Hannah Arendt chamou o tipo de pensamento em que nos envolvemos para ir além dos pensamentos cristalizados de "pensamento crítico". Para ela, o pensamento crítico era um imperativo moral para quem estivesse interessado na origem do mal. Em sua ausência, uma sociedade pode seguir o caminho da Alemanha nazista, risco ainda presente em muitos países hoje. Ainda assim, observou Hannah Arendt, um número surpreendente de pessoas não pensa criticamente. "[A] incapacidade de pensar [criticamente] não é burrice", escreveu. "Pode ser observada em gente muitíssimo inteligente."[6]

É uma ironia que o pensamento cristalizado seja um risco específico se você, a exemplo de sir James Jeans, for especialista em alguma coisa. Quando se é especialista, um conhecimento profundo tem realmente grande valor diante dos desafios habituais da profissão, mas a imersão nesse corpo de sabedoria convencional pode ser um empecilho para criar ou aceitar novas ideias, ou quando em confronto com o novo e a mudança.

Nos meus anos na ciência, ouvi muitos colegas se queixarem de que os especialistas que julgam novos artigos às vezes os abordam de um ponto de vista fixo, e por isso não entendem bem o que leem por examinarem o material apressadamente, achando que já sabem o que os autores estão dizendo. Assim como um experiente golfista pode ter dificuldade para alterar um estilo de tacada decodificado em seu córtex motor, muitos pensadores profissionais têm dificuldade para se livrar das formas de pensamento convencional alojadas no córtex pré-frontal. Ou, como escreveu a fotógrafa Dorothea Lange: "Saber de antemão o que está procurando significa que você só está fotografando suas próprias concepções, o que é muito limitado e geralmente falso."[7]

O pensamento cristalizado já desgraçou a carreira de cientistas e arruinou a riqueza de muitos homens de negócios, mas um dos contextos em que é especialmente perigoso é na medicina, e só pouco tempo atrás os pesquisadores de saúde pública começaram a descobrir suas ramificações. Por exemplo, se você *é internado* num hospital, é natural querer ser tratado pelos médicos mais experientes da equipe. Mas, segundo um estudo de 2014, seria melhor ser tratado por médicos relativamente novatos.

O estudo foi publicado no prestigioso *Journal of the American Medical Association* (*Jama*). Trata-se de uma análise de dez anos de dados envolvendo dezenas de milhares de internações hospitalares, que descobriu que a taxa de mortalidade em trinta dias de internação entre pacientes de alto risco era um terço menor quando os médicos mais famosos encontravam-se *fora da cidade* – por exemplo, quando viajavam para conferências.[8]

O estudo do *Jama* não apontou as razões para a redução da taxa de mortalidade, mas os autores explicaram que a maioria dos erros médicos está relacionada a uma tendência de formar opiniões apressadas, baseadas em experiências anteriores.[9] Em casos não rotineiros isso pode ser enganoso, pois os médicos especialistas podem subestimar importantes aspectos do problema que não sejam coerentes com sua análise inicial. Como resultado, embora possam ser mais lentos e menos confiantes no tratamento de casos corriqueiros, os médicos novatos têm a mente mais aberta para lidar com casos incomuns ou tratar pacientes com sintomas mais sutis.

Essa alarmante descoberta serviu de apoio a outro ousado estudo publicado numa obscura revista médica israelense.[10] A questão abordada nessa pesquisa foi se os médicos comprometidos com o pensamento cristalizado não poderiam receitar medicamentos muito apressadamente, sem um suficiente escrutínio das circunstâncias específicas de cada paciente. Em particular, um médico em piloto automático talvez não leve em consideração as interações de novas drogas com outros medicamentos que o paciente já estiver tomando.

Para sondar essa possibilidade, os cientistas recrutaram 119 pacientes de casas de repouso geriátricas. Os pesquisados vinham tomando uma média de sete medicamentos por dia. Com um cuidadoso monitoramento, os pesquisadores descontinuaram metade dos medicamentos. Nenhum paciente morreu nem sofreu graves efeitos colaterais ao deixar de tomar os remédios, e quase todos relataram uma *melhora* na saúde. Mais importante, a taxa de mortalidade entre os que estavam em estudo foi bem mais baixa que a de um grupo de controle cujos participantes continuaram com os medicamentos habituais. É um dogma da medicina que os remédios aumentam o tempo de vida, mas o tiro pode sair pela culatra quando os médicos se fixam em livros-textos no tratamento dos pacientes.

O tipo de pensamento flexível que médicos e todos nós que somos peritos em alguma coisa precisamos evitar foi bem ilustrado por um simples estudo de caso publicado em outro artigo do *Jama*.[11] Um garoto de seis anos foi levado ao pediatra por apresentar problemas de comportamento. Depois de conversar com a mãe e o garoto, o pediatra concluiu que os sintomas indicavam um diagnóstico de TDAH e fez um pedido de exame psicoeducacional. Então a mãe mencionou de passagem que o garoto, que era asmático, vinha tossindo muito ultimamente e usando o inalador com mais frequência que o normal para tentar controlar a tosse. Em vez de deixar o diagnóstico anterior travar sua mente, o médico absorveu esse novo fato: hiperatividade pode ser um efeito colateral do inalador para asma. Adiou o pedido de exame e receitou um remédio para controle da asma, de forma que o garoto não usasse o inalador com tanta frequência. O que aconteceu foi que o médico resolveu o problema.

Doutrina destrutiva

Alguns dos mais trágicos exemplos, ainda que esclarecedores, de pensamento cristalizado vêm dos anais da guerra. Os militares são particularmente vulneráveis ao pensamento cristalizado, pois no Exército o pensamento especializado e autoritário é institucionalizado. Os militares agem de acordo com regras estritas ditadas do alto, que seguem princípios geralmente aceitos, passadas para as patentes mais baixas. "No Exército nós temos uma doutrina de operações militares", diz o general Stanley McChrystal. "Quanto mais alguém opera sob essa doutrina, maior o perigo de ser moldado por ela."[12]

McChrystal deve mesmo saber disso. Ele passou mais de trinta anos no Exército, chegando ao posto de general de quatro estrelas. Encerrou a carreira como comandante das forças internacionais dos Estados Unidos no Afeganistão e do Comando Conjunto de Operações Especiais, o que o posiciona acima da Delta Force, dos Rangers e dos Navy SEALs, as equipes que conduzem a maior parte das missões secretas de operações de alto perfil que ganham manchetes de jornais. Entre outras, McChrystal supervisionava as unidades que capturaram Saddam Hussein e perseguiram Abu Musab al-Zarqawi, o líder da Al-Qaeda no Iraque.

McChrystal é famoso por ter revolucionado a guerra moderna com suas táticas de não invadir apenas as posições inimigas, mas também seus telefones e computadores, e de aperfeiçoar o processo de tomada de decisão exigido para esses ataques – o inimigo não era atravancado por uma pesada burocracia, e, se quiséssemos nos manter à altura, também não deveríamos ser.

O sucessor de McChrystal, general David Petraeus, me disse que hoje, "em geral, prevalece o lado que se adapta mais rapidamente".[13] E assim, onde outras guerras foram travadas com base em lições aprendidas de conflitos anteriores, hoje vencer uma guerra exige a criação de teorias da batalha naquele momento. Petraeus, por exemplo, escreveu um documento chamado "guia de contrainsurgência" que ele mantinha em seu laptop e adaptava toda semana.

Um dos desafios de McChrystal e Petraeus foi a necessidade de convencer seus comandantes a adotar essa abordagem mais improvisada. McChrystal me diz que entende a hesitação dos que tiveram problemas com os novos métodos. Sabe que é confortável obedecer à antiga doutrina militar estabelecida. Você acha que não pode estar enganado. Afinal, a doutrina é baseada nas lições da história. Mas depender de uma doutrina fixa é um falso conforto, além de perigoso – se mudarem as condições e a doutrina não mudar, pode haver sérios desastres.

Enquanto converso com McChrystal sobre exemplos históricos de pensamento cristalizado, nos lembramos da Guerra do Yom Kippur, que começou quando países árabes fronteiriços organizaram um ataque surpresa contra Israel no feriado judaico de Yom Kippur, em 6 de outubro de 1973. Desde então esse episódio se tornou um clássico na área de psicologia política e militar, assim como o ataque surpresa a Pearl Harbor, o ataque da Alemanha à União Soviética em junho de 1941 e o frenesi de erros de cálculo e julgamento que levou à Primeira Guerra Mundial.[14]

McChrystal fala sobre os primeiros sinais que deveriam ter servido de alerta a Israel. Aconteceram em agosto, quando o serviço de informações do Exército israelense reportou que seu vizinho do nordeste, a Síria, estava transportando mísseis antiaéreos russos em direção à fronteira, para as colinas de Golan. Depois, no final de setembro, a Síria deu início a uma mobilização em massa, deslocando uma quantidade de artilharia sem precedentes para Golan. O movimento de uma só brigada blindada já deveria ter provocado suspeitas. A brigada teria sido mobilizada para manter a paz na cidade síria de Homs. Retirá-la seria perigoso, pois a cidade era um ninho de oposição islâmica ao regime no governo. Na verdade, uma década depois, os militares sírios foram obrigados a conduzir uma grande operação na região, matando estimados 15 mil habitantes da cidade.

Enquanto esses eventos se desenrolavam no norte, ao sul o Egito convocava soldados da reserva, transportando-os para a fronteira com Israel, ao longo do canal de Suez. Os comboios chegavam diariamente, incluindo várias centenas de caminhões de munições. Enquanto isso, os reservistas pavimentavam estradas no deserto e trabalhavam à noite, na preparação de estruturas com vista para as posições de Israel e rampas pelas quais descer os barcos para atravessar o canal.

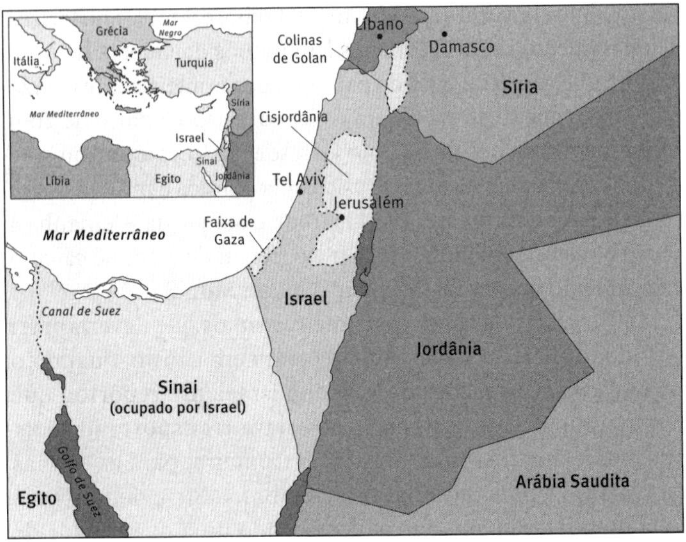

No começo do Yom Kippur – dia, no calendário judaico, em que cessam todas as atividades normais e os judeus vão aos templos e sinagogas para rezar –, a Síria tinha uma vantagem de oito para um no número de tanques e uma vantagem ainda maior em artilharia e infantaria. O Egito dispunha de 100 mil soldados e 2 mil peças de artilharia e morteiros pesados na margem ocidental do canal de Suez. Israel tinha 450 homens e 44 peças de artilharia espalhadas por 160 quilômetros do seu lado do canal. Por que os israelenses não viram aquela gigantesca mobilização – da qual tinham conhecimento – como ameaça?

"A essência do despiste militar é prever aquilo em que o inimigo está querendo acreditar e jogar com isso", explica McChrystal. "Israel não ligou os pontos porque acreditava que os árabes não queriam se arriscar a perder outra guerra."

Os árabes contaram com essa pressuposição de Israel e justificaram a mobilização como apenas um exercício de treinamento. Se fosse o caso, teria sido de uma oportunidade sem precedentes. Mas os dois homens do serviço de inteligência do Exército israelense responsáveis por avaliar tais ameaças e comunicá-las à liderança – o major-general Eli Zeira e o tenente-coronel Yona Bandman – não entenderam o que acontecia. Esses oficiais altamente inteligentes, bem-treinados e experientes aceitaram a explicação para os acontecimentos como um "exercício militar" e descartaram a possibilidade de um ataque, apesar de líderes da Síria e do Egito terem declarado ostensivamente e em diversas ocasiões seu objetivo de destruir Israel.

Zeira e Bandman encontraram uma explicação para cada anomalia no cenário dos exercícios, ofuscados pelo pensamento cristalizado quanto ao que deveria parecer óbvio. Como resultado, no início da tarde de 6 de outubro, Israel enfrentou um maciço ataque surpresa em duas frentes.

Os primeiros dois dias deixaram os israelenses atônitos. Na noite de 8 de outubro, com as tropas árabes se aproximando pelo norte e pelo sul, o ministro da Defesa israelense, Moshe Dayan, disse à primeira-ministra, Golda Meir, que o Estado de Israel "está sucumbindo". Mas Israel acabou virando o jogo. Quando se chegou a um acordo de cessar-fogo, em 24 de outubro, as forças de Israel tinham avançado mais de trinta quilômetros em direção a Damasco e 160 quilômetros em direção ao Cairo, fazendo com que a União Soviética ameaçasse enviar tropas para apoiar os egípcios e levando os Estados Unidos a reagir posicionando suas forças nucleares no mais alto estado de alerta.

Depois da guerra, Israel estabeleceu um comitê de alto nível – a Comissão Agranat – para estudar como seus líderes ignoraram a avassaladora evidência de um ataque iminente. Eles concluíram que houvera muitas evidências de um ataque iminente, mas que o establishment do serviço de informações tinha interpretado mal os fatos por conta de seus pressupostos.

A comissão concluiu que a causa mais importante da falha da inteligência foi uma fé inabalável numa doutrina crucial para seus analistas, que era chamada simplesmente de "Ha'Conceptzia" (O Conceito). O Conceito se originou de relatórios de inteligência detalhando avaliações secretas feitas por líderes egípcios depois da Guerra dos Seis Dias, em 1967, na qual a Força Aérea israelense foi decisiva para uma grande vitória. A doutrina afirmava que o Egito não começaria outra guerra com Israel antes de conquistar a superioridade aérea. Como os israelenses tinham uma força aérea maior que a dos Estados árabes, a fé depositada no Conceito se traduziu numa ferrenha confiança em que os árabes não se atreveriam a atacar.

Infelizmente para os israelenses, os árabes haviam reinterpretado o significado de superioridade. Para os israelenses, superioridade significava dispor de uma força aérea maior, mas os árabes acreditaram que a haviam obtido com a aquisição de mais mísseis antiaéreos. "O pensamento dos árabes tinha mudado", explica McChrystal, "e os israelenses não perceberam."

Por conta da adesão dos israelenses ao Conceito e da falha em entender que os termos haviam mudado, seus chefes do serviço de informações fizeram a considerável proeza de ignorar evidências tão claras e óbvias de uma invasão que qualquer novato teria identificado.

McChrystal me explica que a lição do Yom Kippur se iguala aos desafios que enfrentamos no Oriente Médio desde a invasão para depor Saddam. "Nós esperávamos que os terroristas tivessem certas limitações. Entramos com uma abordagem quase padrão, como um time de futebol americano depois de uma série de vitórias em campo." Mas aí encontramos a Al-Qaeda no Iraque, um bando de terroristas ágeis e descentralizados. "Eles eram um organismo em constante mudança, que se adaptava depressa, e por isso nossa estratégia logo se tornou ineficaz", explica McChrystal. "Naquele ambiente, as respostas que funcionavam ontem provavelmente não iriam funcionar amanhã. Tivemos de aprender a ser flexíveis como eles. Mas quando se exigem mudanças numa cultura que costuma ser bem-sucedida, é preciso uma boa sacudida."

Dar uma sacudida foi exatamente o que fez McChrystal. "Ele excedeu em muito a autoridade que qualquer um supunha que tivesse", explicou um de seus colegas, o general James Warner. "Desmontou as organizações e montou-as de novo. Quando terminou, tinha reduzido o que normalmente consideraríamos decisões de meses em ciclos de horas."[15]

Infelizmente para McChrystal, sua propensão a manifestar divergências abertamente e às vezes de forma rude criou problemas com a Casa Branca, e ele acabou exonerado pelo então presidente Barack Obama em 2010. Mas já tinha deixado sua marca. Seu legado, como definiu um artigo sobre liderança da revista *Forbes*, foi ter criado "uma revolução na guerra, que fundiu informações e operações". Para McChrystal, porém, era uma simples questão de aplicar o pensamento flexível. "Comandantes fracos buscam respostas pré-elaboradas", diz ele. "Líderes fortes se adaptam."[16]

Desvantagens do cérebro especializado

Se a especialidade pode prejudicar o seu pensamento em situações de novidade e mudança, qual a dimensão dessa influência? No estudo do *Jama*, os pesquisadores sugerem que médicos menos especializados podem ser melhores em diagnósticos e no tratamento de causas incomuns, mas eles não estudaram a relação entre, digamos, o número de anos de experiência e o tamanho desse efeito. Estranhamente, pelo menos em um contexto, os psicólogos conseguiram quantificar essa relação, e a magnitude da influência foi assustadora.

O contexto que os psicólogos estudaram foi o jogo de xadrez. Começaram mostrando a seus sujeitos "posições no tabuleiro" do tipo que se podem encontrar em livros ou revistas sobre xadrez.[17] Eram diagramas ilustrando onde estão as peças no meio de um jogo hipotético. As posições das peças foram projetadas de forma a um jogador estar em vantagem e poder forçar um xeque-mate se fizesse a sequência adequada de movimentos, chamada de "combinação". Por "forçar", eles queriam dizer que nenhum movimento do oponente evitaria o xeque-mate. O desafio para os leitores dessas revistas é encontrar a combinação vencedora.

Um jogo de xadrez não é algo que dure pouco. Se você abrir uma garrafa de vinho no começo da partida, pode estar bebendo vinagre quando o jogo acabar. Os aficionados do xadrez também discorrem longamente sobre a elegância da *maneira* como um jogo é vencido. No experimento, alguns participantes eram apresentados a uma posição no tabuleiro em que as brancas só podiam vencer de um jeito, por meio de uma inteligente sequência de três movimentos. Vou chamá-la de "tabuleiro de uma solução". Outros se viam diante de uma posição no tabuleiro em que duas diferentes combinações vencedoras eram possíveis – a inteligente, que acabei de mencionar, e outra mais fácil de achar, mas que os conhecedores de xadrez consideram deselegante. Vou chamar essa de "tabuleiro de duas soluções". Será que a presença de uma solução deselegante e fácil de ser vista dificultaria aos jogadores descobrir a solução elegante?

As soluções encontram-se na seção de notas.[18] Os quadrados cruciais para a solução conhecida estão marcados por retângu-

Problema de duas soluções

Problema de uma solução

Duas posições no tabuleiro: o tabuleiro de duas soluções (esquerda) e o tabuleiro de uma solução (direita).

los (f7, g8 e g5), enquanto a melhor solução está marcada por círculos (b2, h6, h7 e g7).

Os pesquisadores descobriram que, dado tempo suficiente, todos os jogadores diante do tabuleiro de uma solução encontraram o xeque-mate inteligente. Mas os que foram apresentados ao tabuleiro de duas soluções tiveram grande dificuldade para encontrar a mesma sequência de movimentos. Assim que encontravam o xeque-mate óbvio e conhecido, os jogadores não conseguiam ver o movimento mais curto e elegante, mesmo quando eram informados de que ele existia e o procuravam por um longo tempo.

Trata-se de um caso clássico de pensamento cristalizado, semelhante aos outros exemplos que apresentamos. O que tornou esse estudo especial foi que os cientistas conseguiram quantificar a correlação entre quanto os jogadores eram peritos e quanto essa perícia os "emburrecia" no que diz respeito à descoberta da "solução inteligente" incomum.

A chave para quantificar o efeito deve-se ao fato de os jogadores de xadrez usarem um sistema numérico de classificação. Eles têm o hábito conveniente de jogar contra outros jogadores de força conhecida, mantendo detalhados registros de quem vence quem e atribuindo os pontos correspondentes. Traduzido para a probabilidade de vencer, o sistema diz que, se você jogar com alguém duzentos pontos acima, sua chance de vencer é de apenas 25%; se você jogar com alguém quatrocentos pontos acima, essa probabilidade cai para somente 9%.

Quando compararam o desempenho de jogadores de diferentes níveis de pontos diante dos problemas de uma e de duas soluções, os cientistas descobriram que a presença da solução não rotineira produzia um rebaixamento equivalente a *seiscentos pontos de posição*. Essa é uma diferença enorme. Transposta para um teste de inteligência, por exemplo, chega a uma diferença de 45 pontos de QI. Dá o que pensar: às vezes, quando o especialista erra, a solução é chamar um novato.

O físico James Jeans, os oficiais da inteligência israelense, os médicos especialistas e os peritos em jogo de xadrez foram todos apanhados em armadilha semelhante. Não importa se nosso banco de conhecimento envolve teorias da física, estratégias de guerra e de paz ou manobras de xadrez – ou qualquer outra coisa, aliás –, o que nós *sabemos* pode restringir as possibilidades do que conseguimos *imaginar*. Geralmente é desejável conhecer alguma coisa profundamente, mas como os peritos devem lutar contra o pensamento cristalizado?

Os benefícios do dissenso

Quando os psicólogos estudam o pensamento cristalizado, eles o chamam de "cognição dogmática". Na definição dos psicólogos, essa é a "tendência de processar informações de uma maneira que reforça a opinião prévia ou a expectativa do indivíduo".[19] O zen-budismo tem um conceito para o estilo de pensamento diametralmente oposto à cognição dogmática. Ele é chamado "mentalidade de principiante". Refere-se a uma abordagem em que existe uma falta de preconcepções, quando até situações rotineiras são percebidas como se fossem vistas pela primeira vez, sem suposições automáticas baseadas em experiências passadas. Isso não significa descartar sua perícia, mas continuar aberto a novas experiências, apesar de seus conhecimentos. A maioria de nós tem um estilo cognitivo que fica em algum ponto entre os extremos da mentalidade de principiante e a cognição dogmática.

O especialista ideal em qualquer área é aquele com uma grande amplitude e profundidade de conhecimentos, mas que continua mantendo boa parte da mentalidade de principiante. Infelizmente, a aquisição de experiência dificulta o processamento de novas informações com a mente aberta. Como escreveu um cientista: "As normas sociais ditam que os especialistas têm *direito* de adotar uma orientação relativamente dogmática e fechada a novas ideias."[20] Todos nós conhecemos esse tipo de gente.

Felizmente, os psicólogos descobriram que é possível dissociar o pensamento do radicalismo da cognição dogmática. Uma das maneiras mais eficazes é introduzir um pequeno dissenso nas suas interações intelectuais.

Vamos considerar um estudo realizado meio século atrás por Serge Moscovici, sobrevivente do Holocausto que depois passou a estudar psicologia de grupo.[21] Moscovici mostrou a dois grupos de voluntários uma sequência de slides azuis. No grupo de controle, depois de cada slide ele pedia aos indivíduos, um a um, para dizer a cor do slide e calcular seu brilho. No grupo experimental, ele plantou alguns colaboradores – atores que diziam que a cor era "verde" e não azul. Quem eles estavam enganando? Ninguém – os sujeitos do grupo experimental ignoraram as respostas discordantes. Quando chegava a vez deles, todos respondiam "azul", assim como o grupo de controle.

Depois, Moscovici pediu que todos os voluntários participassem do que ele disse ser o segundo experimento, sem relação com o primeiro. Mas estava relacionado. Na verdade, o primeiro experimento era só uma preparação para o segundo, o que realmente importava. Nesse experimento, pedia-se que todos classificassem, dessa vez em particular e por escrito, uma série de fichas pintadas de verde ou azul, embora a cor estivesse em algum ponto entre essas duas cores puras.

No segundo experimento, os que haviam participado do grupo de controle responderam de forma bem diferente dos que participaram do grupo experimental. Os que participaram do grupo experimental identificaram como "verdes" muitas fichas que os que estavam no grupo de controle definiram como "azuis".

No espectro visível, as cores do verde ao azul formam um contínuo. Começando pelo verde, elas vão ficando sucessivamente mais verdes-azuladas, passando pelas azul-esverdeadas até chegarem ao azul. O segundo experimento foi essencialmente um teste de onde traçar uma linha que separe os verdes dos azuis. Surpreendentemente, o grupo experimental exposto às falsas identificações anteriores entre verde e azul tinha mudado seu julgamento. Comparado ao grupo de controle, eles estavam mais abertos a ver a cor como verde.

Pense a respeito disso. Nenhum participante foi convencido pelas primeiras identificações falsas. Mas foram *influenciados* por elas. Tinham sido subconscientemente persuadidos a mover a linha de demarcação entre as cores na direção do verde.

O que isso diz sobre o pensamento humano? Mesmo que você não esteja conscientemente aberto a considerar pontos de vista opostos, eles podem influenciar seu pensamento com um pouco de exposição.

Outros experimentos mostram que o dissenso não só muda nossa opinião em relação a um assunto em pauta – ele também age para flexibilizar o pensamento cristalizado em contextos não relacionados ao abordado pela discussão.[22] Sim, por mais desagradável que seja, é benéfico falar com pessoas que discordam de nós. Por isso, mesmo que você deteste teorias conspiratórias, quando encontrar alguém que acredita que nós encenamos o pouso na Lua e Einstein plagiou a teoria da relatividade do carteiro, não reaja dizendo que "Sua vida é uma piada de mau gosto" antes de se afastar. Tome um chá com ele. Isso amplia seu estilo de pensamento e é mais barato que consultar um terapeuta.

Infelizmente, os que mais sofrem de cognição dogmática relutam em ouvir opiniões contrárias. Pior ainda, se estiverem em posição de autoridade, é normal repreender os que as têm. Tome como exemplo os oficiais do serviço de informações que negligenciaram os sinais de uma guerra iminente. O major-general Zeira disse aos oficiais que o alertaram sobre o conflito que eles não seriam mais promovidos; o tenente-coronel Bandman era famoso por rejeitar qualquer sugestão de alteração de alguma palavra nos documentos que escrevia.[23] Fica claro que permitir o dissenso – e considerá-lo com atenção – teria contribuído para o pensamento dos dois.

Esse é um dos benefícios colhidos por universidades e corporações que buscam incentivar a diversidade entre seus estudantes e funcionários. Além de qualquer ideia brilhante que esses indivíduos possam conceber, a mera presença de pessoas com outros pontos de vista cria um espírito que estimula a libertação de suposições e expectativas profundamente arraigadas; promove análises de novas opções e leva a tomadas de decisão mais abalizadas; constrói uma atmosfera em que as pessoas respondem melhor à mudança. Essa foi uma das principais conclusões da Comissão Agranat: para evitar os equívocos do pensamento cristalizado, o serviço de informações israelense precisava se reestruturar a fim de fomentar o dissenso e permitir abordagens não convencionais na análise de eventos e situações.

À medida que percebemos o mundo, aprendemos fatos úteis e lições valiosas, e formamos um ponto de vista. Com o tempo, acrescentamos coisas e ajustamos esse ponto de vista, da mesma forma que aumentamos ou modificamos a casa onde moramos ao longo dos anos. Contudo, do mesmo modo como hesitamos em acrescentar uma nova ala à nossa velha casa vitoriana, resistimos a fazer mudanças no edifício da nossa visão de mundo se elas não parecem estar em harmonia com o já existente. No entanto, neste mundo que evolui depressa, em geral é isso que deve ser feito. Assim, uma das verdades mais irônicas da vida é que, apesar de adorarmos ter razão, ficaremos melhores se às vezes as pessoas nos disserem que estamos errados.

9. Bloqueios mentais e filtros de ideias

Quando acreditar significa não enxergar

Quando eu era uma criança impressionável, meu pai me falou sobre um ditado ídiche que veio a valorizar quando era jovem e lutava na resistência, durante a Segunda Guerra Mundial. O ditado pode ser traduzido como algo assim: "Quando uma minhoca encontra um rabanete picante, ela acha que não existe nada mais doce." Ao que meu pai acrescentava: "E se a minhoca ficar lá muito tempo, tudo vai parecer um rabanete picante." Essas são formulações simples sobre as barreiras mentais que nos impedem de imaginar que as coisas são diferentes do que são ou do que sempre foram. Para meu pai, que lutou na resistência durante a Segunda Guerra, essas barreiras eram uma ferramenta útil quando tentava esconder fugitivos ou informações dos nazistas.

Ponderei sobre esse princípio do pensamento humano uma noite, durante uma conferência acadêmica numa antiga casa na Inglaterra rural. Eu estava bebendo com um grupo e resolvemos jogar Banco Imobiliário tarde da noite. Para quebrar o tédio, todo mundo falava muito, mas resolvi usar o jogo para testar a sabedoria popular do meu pai. No Banco Imobiliário, a caixa do jogo é um "banco". No banco há belas pilhas de cédulas de dinheiro do jogo, em valores de $1 a $500. É prática comum às vezes ir ao banco para trocar dinheiro ou pedir a alguém que troque uma nota. Todos estavam tão acostumados a ver os jogadores fazendo isso que cogitei se não estavam todos se afogando em rabanetes picantes. Será que notariam caso eu fizesse uma ligeira variação no procedimento usual de troca de dinheiro?

Decidi que, quando fosse ao banco, eu depositaria casualmente uma nota de $20 ou de $50, mas retiraria algumas notas de $100. Fiz isso diante de todos e esperei que alguém me chamasse a atenção. Ninguém fez nada, e o banco se tornou meu caixa automático. Infelizmente, não se pode realizar a mesma façanha com um verdadeiro caixa automático, por isso foi um desses experimentos que os cientistas às vezes realizam sem nenhuma aplicação prática direta.

Quando ganhei o jogo e confessei o que havia feito, alguns colegas não acreditaram em mim. Todos tinham ficado cegos quanto ao que aconteceu diante deles, mas não conseguiam aceitar a ideia de não terem visto algo tão óbvio. Insistiram em que jamais deixariam de notar essa apropriação indébita.

Por que eles não notaram? Percebi que os jogadores olhavam para mim enquanto eu fazia meus trocos falsos, por isso sabia que seus olhos tinham registrado minhas ações, que o córtex visual primário teria registrado aquilo. Só que a cena não passou para a percepção consciente.

Nosso cérebro consciente pode processar cerca de quarenta ou sessenta bits por segundo, mais ou menos o conteúdo de uma frase curta.[1] Nosso inconsciente tem uma capacidade muito maior. O sistema visual, por exemplo, pode lidar com cerca de 10 milhões de bits por segundo. Consequentemente, o córtex visual primário pode transmitir apenas uma pequena fração disso para nossa mente consciente. E assim, entre a vasta percepção sensorial inconsciente e a limitada percepção consciente há um sistema de "filtros cognitivos". Esses filtros estabelecem o melhor palpite do que seja relevante ou importante, transmitem essa informação para nossa consciência e censuram o resto.

O cérebro dos meus companheiros de Banco Imobiliário não sinalizaram minhas ações porque um dos fatores em que nossos filtros se baseiam ao decidir o que é importante são as expectativas. Isso está enraizado nas nossas convicções e no histórico da nossa experiência de vida. Por essa razão, eventos que parecem rotineiros tendem a ser classificados como menos importantes que novos eventos ou uma mudança nas circunstâncias, o que pode representar perigo ou oportunidade. Como meu comportamento foi semelhante à atividade rotineira, e não se contava com nenhum desvio, ninguém o notou.

Como sugeriram os trabalhos de Kounios e Beeman, as ideias estão sujeitas a processos de filtragem análogos. Isso é necessário porque o inconsciente humano é muito bom em fazer associações. Você associa espaguete a bolonhesa, bolonhesa a Bolonha e Bolonha a Itália, e logo estará pensando em *O nascimento de Vênus*, de Botticelli. Você também associa espaguete a almôndegas e almôndegas a bolas, e logo estará pensando num jogo de futebol. Essas associações em cascata geram uma chuva de novas ideias. Você pode pensar naquele molho à bolonhesa que comeu na Itália. Quem sabe poderia voar até Bolonha para jantar. Ou comer um sanduíche num estádio de futebol. Algumas dessas ideias são úteis e outras não, e se o seu pensamento divergente – a produção de ideias incomuns ou originais – não for verificado, você acaba se afogando em pensamentos improdutivos.

Nossos filtros inconscientes funcionam rapidamente e sem esforço, com o propósito de suprimir ideias inúteis e fazer com que nos concentremos nas mais promissoras. Se estiver trocando o piso do banheiro, você pensa em mármore, granito ou linóleo, mas não em carvão, tabletes de chocolate com menta ou folhas de jornal, pois seu inconsciente eliminou essas possibilidades que não parecem úteis.

O lado negativo do processo de filtragem é que, assim como a mente inconsciente dos jogadores de Banco Imobiliário preferiu não levar minhas ações à atenção de ninguém, filtrar as ideias às vezes evita o trânsito de boas ideias – o cérebro faz associações úteis e incomuns, porém as descarta.

Um nível de filtragem ideal censuraria o piso de tabletes de chocolate com menta, mas continuaria deixando passar possibilidades incomuns que valeriam a pena, como bambu ou borracha. Neste capítulo vamos examinar como funcionam nossos filtros de ideias e o seu papel na inibição daquele pensamento disruptivo tão necessário quando queremos prosperar na sociedade atual.

Pensando fora da caixa

A fortuna de Clarence Saunders foi feita no negócio de mercearias. Ele teve o primeiro emprego aos nove anos, trabalhando durante as férias escolares numa loja de artigos diversos. Dez anos mais tarde, começou a vender alimentos por atacado. Então, um dia, no final do verão de 1916, uma loja de departamentos que pretendia abrir uma mercearia pediu a Saunders que fosse de sua casa, no Tennessee, até Terre Haute, em Indiana, a fim de espionar uma loja que, segundo rumores, contava com um projeto inovador.

Em 1916, as mercearias funcionavam do mesmo jeito que no século XIX. Apesar de os fabricantes já terem inventado técnicas para oferecer artigos enlatados ou pré-embalados – eliminando a necessidade de serem armazenados em barris ou latões –, as lojas continuavam a manter os artigos atrás do balcão. Isso significava que os clientes tinham de dizer aos balconistas o que desejavam, esperar que pegassem o produto, dessem o preço e embrulhassem os artigos. Durante as horas mais tranquilas, os balconistas não tinham muito o que fazer. Mas nas horas de movimento eles ficavam sobrecarregados, dando origem a longas filas e fazendo os clientes esperar. Essa ineficiência tornava as mercearias um mau investimento, e foi por isso que a loja de departamentos mandou

Saunders à missão de análise dos fatos para ver se havia uma maneira melhor de fazer as coisas. Mas Saunders não viu nenhuma magia que tornasse a loja de Terre Haute mais lucrativa.

Ao voltar para casa, numa longa e abafada viagem de trem, Clarence Saunders ficou olhando pela janela as monótonas plantações de trigo e milho, o gado, as cidadezinhas empoeiradas. Eram cenas comuns, que ele já tinha visto muitas vezes e nas quais geralmente não prestava atenção. Desanimado, estava ruminando sobre a viagem perdida quando o trem desacelerou perto de uma fazenda de porcos, onde uma leitoa se alimentava ao lado de seis porquinhos. Aquela era uma cena nada notável na paisagem do Meio-Oeste. Mas para Saunders foi como se ele tivesse topado de cara com um modelo para salvar o negócio das mercearias. Por que não deixar consumidores *humanos* se servirem? Se as mercearias fossem reformuladas, os consumidores pegariam os artigos que quisessem das prateleiras.

Como qualquer um no ramo das mercearias, Saunders pensava em seu estabelecimento de um ponto de vista fixo, que impedia sua mente de considerar um novo sistema de servir os clientes. Mas aquela cena na fazenda de porcos forneceu a imagem de um caminho novo e melhor. Quando voltou, relatou o fracasso de sua missão à loja de departamentos, mas não falou nada sobre sua visão. Porém, durante os meses seguintes, ele inventou os itens de que precisava para realizar seu plano: cestas de compras, etiquetas de preços, corredores com prateleiras e vitrines, caixas instaladas à porta da frente. Todos esses itens que hoje conhecemos não existiam na época.

Saunders abriu sua primeira mercearia em 1916, e em 1917 patenteou o design da nova loja. Batizou sua rede com uma referência aos porquinhos, chamando as lojas de Piggly Wigglys, em 29 estados, e se tornou um homem muito rico. A rede existe até hoje, com a maioria das lojas no Sul dos Estados Unidos.

Assim como a resposta a um enigma, a ideia de Saunders parece óbvia quando se torna conhecida. Mas se a ideia surgiu antes na cabeça de qualquer executivo de alguma mercearia, parece não ter sido considerada suficientemente promissora para ser transmitida à percepção consciente desse indivíduo. Os empreendedores mais brilhantes da época, ansiosos por corrigir os problemas do ramo de mercearias – chegando a mandar um espião para roubar segredos comerciais –, fracassaram em inventar uma solução própria.

Como funciona o filtro de ideias do cérebro – e como podemos superar a censura, quando for apropriado? Problemas da vida real como o solucionado por Saunders são complexos demais para se analisar num experimento científico controlado. Mas para estudar os mecanismos de como as pessoas chegam a pensar fora da caixa, os cientistas encontraram problemas mais abstratos, cujas soluções exigem essencialmente a mesma capacidade. Um dos mais estudados é um enigma publicado pela primeira vez na *Cyclopedia of Puzzles*, de Sam Loyd, alguns anos antes de Clarence Saunders viver sua epifania. Apesar de já ter mais de cem anos, o problema continua sendo discutido em diversos artigos acadêmicos recentes quase todos os meses. Conhecido como "problema dos nove pontos", o desafio é ligar os pontos ilustrados a seguir com quatro linhas contínuas, sem levantar o lápis do papel ou traçar uma linha sobre outra já traçada.

Apesar da simplicidade, poucas pessoas conseguem resolver o problema, mesmo depois de receber dicas e ter um longo tempo para pensar.[2] Em muitos experimentos, o número de sujeitos bem-sucedidos foi *zero*. É quase sempre menos que um em dez. O problema é tão inerentemente difícil que até entre os que sabem a solução, mais de um terço não conseguiu reproduzi-la uma semana depois. Tente você mesmo. O máximo que a maioria das pessoas consegue é chegar às configurações a seguir, todas exigindo mais de quatro linhas.

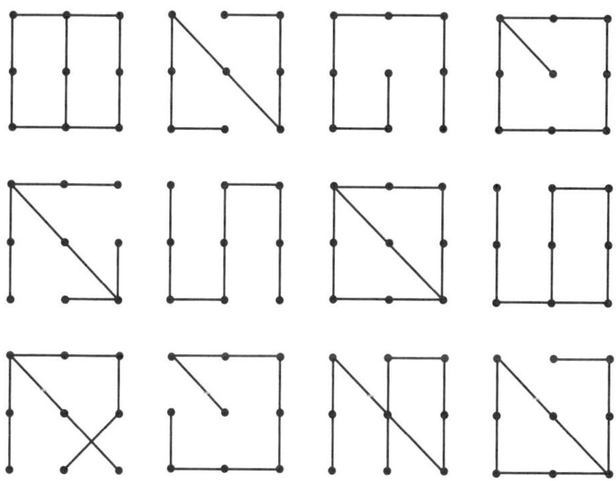

O fato de a solução do problema dos nove pontos não ser fácil é um reflexo da forma como nosso cérebro funciona. Como já vimos, não somos observadores "isentos" do mundo. O que vemos (e o que não vemos) é mais uma função do que está diante de nós. Também depende do que estamos acostumados a ver e das nossas expectativas. Se estiver acostumado a ver jogadores pegando dinheiro honestamente no Banco Imobiliário, sua tendência será não perceber quando alguém roubar. Se estiver acostumado a ver balconistas servindo os fregueses, é difícil chegar à ideia de que você poderia se servir sozinho. E se você vê nove pontos dispostos num quadrado conhecido, seu cérebro tende a filtrar ideias que impliquem desenhar no espaço exterior desse quadrado. Mas é preciso penetrar na caixa da imaginação para resolver o problema dos nove pontos. Veja a solução:

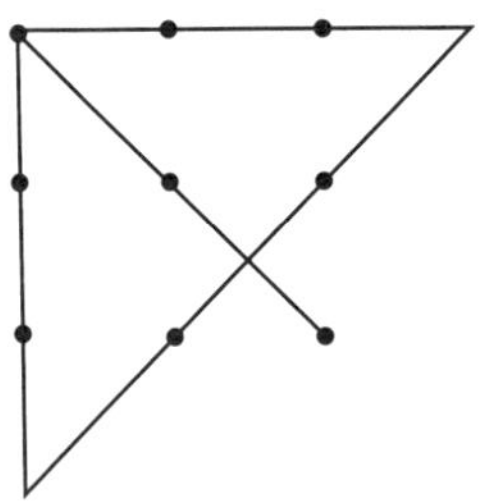

O tipo de pensamento original exigido pelo problema dos nove pontos literalmente, que exige que você saia dos confins da caixa, foi o que deu origem à expressão "pensar fora da caixa". Uma das razões por que psicólogos publicam tantos artigos a respeito do problema é que, ao encontrar maneiras de melhorar a taxa de sucesso dos participantes do experimento, eles lançaram uma luz sobre a forma como funcionam nossos filtros cognitivos.

Um dos modos de facilitar a solução é colocar pontos extras estrategicamente. Com esses acréscimos, embora haja mais pontos a ligar, ninguém precisa ultrapassar os limites do diagrama para solucionar o enigma, e a maioria dos testados consegue fazer isso na primeira tentativa.[3]

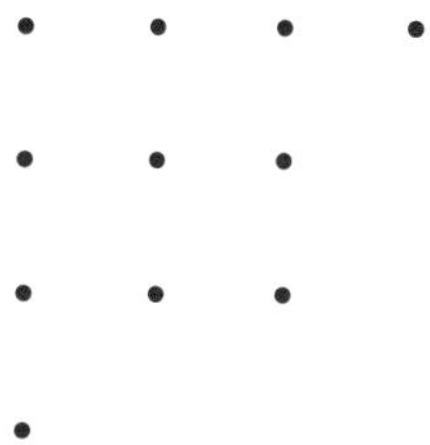

Outra forma de aumentar a proporção de acerto é desenhar uma caixa espaçosa ao redor dos pontos.[4] Nesse caso, o cérebro dispensa a caixa imaginária definida pelos pontos e aceita a caixa nova e grande que deixa espaço para a solução. Em outras palavras, o problema pode agora ser resolvido pensando "dentro da caixa", o que é muito mais fácil para todos nós:

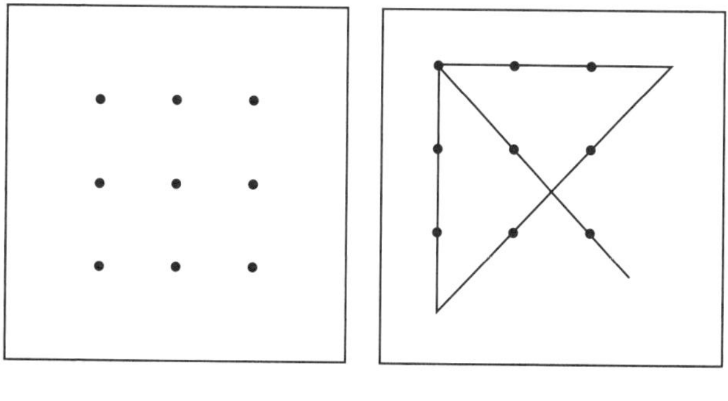

Os filtros cognitivos do nosso cérebro são moldados com o tempo. Cada dia que passa algumas respostas neurais são fortalecidas, e outras, suprimidas. O resultado é um cérebro bem-adaptado ao seu ambiente, mas programado para interpretar o mundo através de lentes concordes com o que funcionou no passado. Isso nos permite lidar rapidamente com situações conhecidas, mas pode nos restringir na resolução de problemas. É este último fator que se apresenta no problema dos nove pontos. Nosso sentido de limites geométricos está tão arraigado que os censores inconscientes nos proíbem de enxergar a solução, pois exige uma violação desses limites.

Já vimos que alterar a forma como o problema dos nove pontos é apresentado reduz a resistência da inconsciência para perceber o percurso dos pontos a serem conectados. A chave do sucesso em muitos novos desafios e, de forma mais geral, na inovação e em soluções de problemas imaginativas é realizar transformações mentais semelhantes a desenhar uma caixa ao redor dos pontos a fim de abrir espaço para a solução.

Recentemente, os cientistas descobriram uma maneira física de obliterar esses limites prejudiciais ao pensamento – reduzindo a operação de certas estruturas do cérebro dos participantes. Como veremos, experimentos utilizando essa técnica têm fornecido aos cientistas uma visão profunda do mecanismo físico pelo qual surgem nossos bloqueios mentais.

Nosso sistema de filtragem de ideias

Em 2012, durante um período de oito meses, dois cientistas australianos, "por curiosidade", incluíram o problema dos nove pontos no final de um experimento não correlacionado.[5] Dos trinta pesquisados aos quais foi aplicado, só um conseguiu se sair bem. Esse indivíduo deixou os pesquisadores intrigados, pois tinha um histórico médico incomum – por ter sofrido um grave e traumático ferimento na cabeça quando criança. Para os pesquisadores, essa era uma pista torturante. Será que o ferimento tinha enfraquecido o mecanismo de filtragem de ideias do cérebro do sujeito? Infelizmente, era difícil situar a localização exata da lesão cerebral, por isso o estudo não pôde seguir adiante.

Atualmente, empregando tecnologia de ponta, os cientistas conseguem *localizar* as estruturas que formam nossos filtros cognitivos. Trata-se de uma tecnologia que permite a simulação de uma lesão cerebral em pessoas saudáveis. E essa lesão cerebral – para os cientistas – é de alta qualidade; está bem localizada; pode ser identificada com precisão; e, o melhor de tudo, é algo transitório para os participantes da pesquisa.

O método se baseia numa técnica que remete ao Egito e à Grécia da Antiguidade: a aplicação de campos elétricos no cérebro. Os antigos faziam isso colocando peixes elétricos (que geram campos elétricos) no couro cabeludo para aliviar dores de cabeça e epilepsia. Ninguém sabe ao certo se funcionava, mas a média da taxa de sucesso não era grande. Os egípcios, por exemplo, também usavam ratos esmagados como unguento e cocô de crocodilo como contraceptivo – método que imagino possa ser eficiente até hoje, embora não pelas razões místicas que os egípcios tinham em mente.

Agora nós aplicamos campos elétricos usando geradores eletromagnéticos. Os geradores disparam energia elétrica ou magnética em circuitos neurais específicos do cérebro, rompendo-os temporariamente. Como o disparo é feito do lado de fora do crânio, a técnica é chamada "estimulação transcraniana". Ainda vem sendo estudada como tratamento para certas disfunções mentais, mas ela já está em alta em pesquisas do cérebro por causa da precisão com que consegue atingir estruturas específicas.

Por exemplo, num dos estudos, os pesquisadores umedeceram "eletrodos de esponja" de treze centímetros quadrados, fixaram-nos estrategicamente no couro cabeludo dos corajosos participantes com uma bandana elástica adesiva e apontaram para uma estrutura no sistema cognitivo de filtragem do cérebro.[6] Metade dos sujeitos recebia uma pequena corrente, que literalmente punha aquela parte do cérebro em atividade. Dizia-se aos outros sujeitos – os do grupo de controle – que eles estavam recebendo a descarga, mas não era verdade. Apresentaram a todos eles o problema dos nove pontos. Numa primeira fase do experimento, todos já haviam tentado resolver o problema dos nove pontos, e todos tinham fracassado. Os sujeitos do grupo de controle continuaram malsucedidos. Mas depois do ataque aos filtros com a estimulação, 40% dos participantes da experiência conseguiram resolver o problema.

Por meio desse e de outros experimentos, os cientistas começaram a juntar as peças do complexo sistema de filtragem cognitiva. Uma das estruturas-chave que identificaram foi o córtex pré-frontal lateral – uma massa de tecido cerebral ao lado da região do córtex pré-frontal do lóbulo frontal. Quando usaram estimulação transcraniana para interferir nessa estrutura, os pesquisadores descobriram um aumento da capacidade de pensamento flexível nos sujeitos.[7] Eles ficavam mais imaginativos e inventivos, com maior insight para solucionar problemas.

Apesar de todos os mamíferos terem córtex pré-frontal, como mencionei no Capítulo 4, só os *primatas* têm córtex pré-frontal lateral – uma região definida por sua estrutura microscópica diferenciada.[8] Ela tem um papel único e crucial no comportamento humano. Parte importante do "cérebro executivo", em especial de seu sistema de filtragem cognitivo, o córtex pré-frontal lateral confere aos seres humanos a capacidade desenvolvida de planejar e executar uma sequência de operações complexas.[9] Essa função requer um filtro de ideias porque, como foi mencionado, quando está diante de uma situação ou de um objetivo que exige ação, o cérebro de baixo para cima trabalha na geração de possíveis respostas, sendo que a maioria delas não funciona. É o córtex pré-frontal lateral que dá seguimento ao processo ao exercer um controle de cima para baixo, orientando-o em direção a algumas possibilidades e eliminando outras das considerações conscientes.[10] Essa é a razão por que, quando alguém está no alto de uma escada e quer chegar a um andar abaixo, não pensa em bater asas para descer voando ou deslizar sobre as nádegas (a não ser que seja uma criança, caso em que o córtex pré-frontal ainda não está totalmente desenvolvido).

Como acontece com a maioria das estruturas do cérebro, a função do córtex pré-frontal lateral pode ser ilustrada pelo comportamento dos que têm alguma lesão. Meu pai se tornou uma pessoa assim depois de sofrer um derrame. Imagine que você esteja a caminho da mesa na lanchonete e tem muita fome. Você passa por uma mesa que já foi servida. Seu cérebro emocional, sentindo fome, pode tentá-lo a se apossar de alguma coisa daquele prato. Mas nós vivemos num mundo "civilizado", com regras contra esse tipo de comportamento, por isso o córtex pré-frontal lateral, que conhece as regras, suprime essa ideia primal e você nem precisa considerá-la. Um dia, no entanto, meu pai viu algumas batatas fritas na mesa de alguém e pegou um punhado enquanto passava, pois seu cérebro lesionado pelo derrame não censurou essa possibilidade nem o indispôs contra isso.

Costuma-se dizer que usamos somente 10% do nosso cérebro. Isso é um mito. Nós usamos o cérebro todo. Mas realmente ainda temos um potencial inexplorado do cérebro, no sentido de haver situações em que seria vantajoso ajustar nossos filtros ou alterar nosso modo de operação. A estimulação transcraniana é uma forma de fazer isso. Aliás, "bonés pensadores" de estimulação transcraniana já estão à venda para usuários domésticos. Não está de todo claro se esses dispositivos caseiros são eficientes ou seguros. Muitos neurocientistas se recusam a utilizar a estimulação transcraniana por temerem que os dispositivos empregados pelos colegas em experimentos como o que descrevi possam prejudicar seus sujeitos – e alguns comitês éticos de certas universidades não aprovam o uso. Mas não deve estar longe o dia em que esses dispositivos serão seguros e eficazes. Vamos explorar, no próximo capítulo, outras formas de abrir nossa mente que não exigem plugar o córtex cerebral numa fonte de energia elétrica.

Vida longa aos ingênuos

Alguns anos atrás minha filha Olivia, então com onze anos, disse a minha mãe de noventa anos que "o rosto dela parecia uma uva-passa". Minha mãe não entendeu a beleza da metáfora, mas aceitou a afirmação com elegância. Realmente, quando o cérebro produz a associação entre a aparência de alguém e uma fruta seca, é melhor reservar essa opinião para si mesmo. É por isso que advertimos nossos filhos a "pensar antes de falar". Mas se alguém ouvir essa advertência ao pé da letra, talvez tenha uma reação exagerada e adquira o hábito de evitar o surgimento de ideias.

Para termos pensamentos originais é preciso deixar as ideias fluírem primeiro e depois se preocupar com sua qualidade (ou propriedade). E mesmo assim o valor da ideia pode ser de difícil avaliação, pois uma das ironias da ciência e das artes é que nem sempre é fácil distinguir entre a genialidade e a loucura.

Por exemplo, alguns anos atrás, uma dupla de cientistas propôs a estranha ideia de fusão a frio, a possibilidade de criar energia essencialmente ilimitada usando apenas um dispositivo portátil. Para os físicos, isso parecia loucura, e acabou que era mesmo. Contudo, alguns anos antes, outros físicos aparentemente malucos propuseram a estranha ideia de que era possível estruturar artificialmente materiais compostos para que apresentassem bizarras propriedades ópticas ou acústicas não presentes na natureza – como a invisibilidade. Isso também parecia loucura, e os proponentes foram submetidos a chacotas e gozações. No entanto, a ideia mostrou-se válida, e hoje a noção de "metamateriais" feitos de microtreliças de metais ou plástico está entre os temas mais quentes da ciência. Os cientistas chegaram a criar pequenos objetos "invisíveis", embora só sejam invisíveis quando observados sob uma luz de cor específica (os pesquisadores estão trabalhando para eliminar essa restrição).

Ou vamos considerar Bob Kearns, que inventou coisas tão malucas quanto geniais. Primeiro, nos anos 1950, ele criou um pente que aplicava um tônico capilar. Aquilo parecia uma loucura. De início, o mesmo aconteceu com a invenção seguinte: o limpador de para-brisa intermitente. Quem precisa de um limpador de para-brisa que funciona e para? Na verdade, só as pessoas que têm automóvel. Kearns ganhou dezenas de milhões de dólares com a invenção.

Duas vezes ganhador do Prêmio Nobel, Linus Pauling resumiu o processo de inovação: "O jeito de ter boas ideias é ter um monte de ideias e jogar fora as más."[11] Esse é um processo cheio de ruelas escuras e becos sem saída. Consequentemente, como me disse Nathan Myhrvold: "Quando as pessoas dizem que fracassar não é uma opção, significa que estão mentindo para si mesmas ou fazendo alguma coisa chata. Quando você tenta resolver um problema importante que o mundo já investigou e não conseguiu resolver, o fracasso *é* uma opção, e tudo bem." Myhrvold recordou uma ocasião em que ouviu um advogado gabar-se de nunca ter perdido uma causa. "Sei", disse Myhrvold. "Então você só pega casos fáceis."[12]

Enquanto seguimos vivendo e observando ideias loucas ou simplesmente incorretas sendo obliteradas, podemos nos sentir inibidos. À medida que acumulamos conhecimento e experiência, nossos filtros cognitivos podem fortalecer a censura. Mas os cientistas bem-sucedidos, os inovadores e os artistas em geral conseguem resistir e manter a capacidade de "relaxar".

Um dos relatos mais vívidos e fascinantes de artistas "que relaxam" envolve a criação do clássico filme *Os caçadores da arca perdida*, com Indiana Jones. O filme foi concebido por George Lucas, Steven Spielberg e o roteirista Lawrence Kasdan durante um encontro de vários dias em Los Angeles, em 1978. Felizmente os encontros foram gravados e ainda existe uma transcrição – de noventa páginas, em espaço simples. Quando a gente lê esse texto, o que mais impressiona não é a genialidade, mas a temeridade de algumas ideias articuladas pelos icônicos cineastas.

Por exemplo, depois de determinarem que seu herói devia ter um interesse amoroso, os cineastas decidiram que, quando o casal se encontrasse no filme, os dois já deveriam ter vivido uma história juntos. Queriam que a história tivesse acontecido dez anos antes. Mas também queriam que a moça tivesse por volta de vinte anos de idade. Seria o caso de considerar a viabilidade dessa situação, pois implicaria que a "história" entre os dois tivesse acontecido quando ela tinha dez anos. Mas, com seus filtros de "péssima ideia" desligados, os três cineastas tentaram fazer a aritmética funcionar. Eis como a discussão aconteceu:

Lucas: Nós temos de cimentar os dois numa relação muito forte. Uma ligação.

Kasdan: Eu gosto da ideia de os dois já terem tido uma relação em algum momento. Pois assim não vamos precisar construí-la.

Lucas: ... Ele poderia ter conhecido essa moça quando ela ainda era uma garotinha. Ter tido um caso quando ela tinha onze anos.

Kasdan: E ele tinha 42.

Lucas: Ele não a vê há doze anos. Agora ela está com 22. É uma relação realmente estranha.

Spielberg: Seria melhor ela ter mais de 22.

Lucas: Ele tem 35 e a conheceu dez anos antes, quando tinha 25 e ela só tinha doze. Seria divertido deixá-la um pouco mais nova na época.

Spielberg: E promíscua. Foi ela quem deu em cima nele.

Lucas: Quinze anos é uma idade bem no limite. Sei que é uma ideia meio ultrajante, mas é interessante.[13]

A ideia de fazer de Indiana Jones um estuprador deve ter sido uma das mais ultrajantes da história das ideias rejeitadas, mesmo em Hollywood, onde não são raras concepções patriarcais sobre a sexualidade feminina. Felizmente, a sugestão de Spielberg de resolver o problema tornando o par romântico de Jones alguns anos mais velha prevaleceu.

Conversei sobre essa questão da filtragem com Seth MacFarlane. Ele foi o criador da popular e longeva série de televisão *Family Guy* e dos filmes da série *Ted*. Ganhou prêmios Emmy, foi indicado ao Grammy (ele também canta) e reviveu a clássica série televisiva de ciência *Cosmos*.[14] Mas, como diz o perfil publicado numa edição da revista *New Yorker*, ele é mais conhecido na mídia popular como o "Transgressor Nº 1" de Hollywood, reputação que adquiriu ao criar personagens que costumam ser racistas, sexistas e vulgares. A *Rolling Stone* chegou a publicar uma linha do tempo chamada "Odiando MacFarlane". Perguntei a ele como sua capacidade de gerar novas ideias é afetada pela ameaça de suas criações atraírem esse tipo de atenção negativa.

"É difícil manter uma postura mental com liberdade para criar quando se sabe que o que vai fazer será considerado incorreto, que uma turba virá atrás de você... que as mídias sociais vão tentar destruí-lo", respondeu. "Mas atualmente isso não acontece com muita frequência. Não afeta somente a mim. Afeta qualquer um nesse ramo, admitam eles ou não. De muitas formas, a mídia social é inimiga da criatividade."[15]

Já é final da tarde quando conversamos, mas MacFarlane está almoçando, uma frugal salada com vários brotos que sua chef pessoal preparou. "Eu costumava jantar Fandangos e bolachas de chocolate recheadas antes de contratá-la", explica. É o tipo da comida que combina melhor com ele. Figura juvenil, de camiseta e boné de beisebol, ele parece mais um jovem calouro de faculdade saído das fraldas que um homem de quarenta e tantos anos, e parece pensar como um garoto, mesmo depois de melhorar seus hábitos alimentícios. Isso é o mais fascinante em MacFarlane – embora seja o que seus críticos odeiam. A revista *Entertainment Weekly*, por exemplo, criticou MacFarlane por sua "mente singularmente colegial".[16]

Estou mencionando essas críticas porque, nos empreendimentos criativos, ter uma cabeça imatura não significa necessariamente possuir uma característica prejudicial. Qualquer professor irá dizer que as crianças não têm medo de fazer ou falar coisas totalmente malucas. Em certo sentido, estamos agindo como crianças sempre que relaxamos nossas inibições e nos permitimos gerar um fluxo de ideias sem censura.

Uma das razões pelas quais as crianças são pensadoras elásticas é por ainda não terem absorvido a influência total da cultura e contarem com uma grande expectativa de vida. Quando se é criança, qualquer coisa serve. Mas se algumas décadas depois você continua sonhando em morar numa casa de bolo de gengibre enfeitada com glacê cor-de-rosa, é melhor não dizer isso ao seu corretor de imóveis.

Outra razão se origina do estado físico do cérebro da criança. Quando uma criança amadurece, suas funções cerebrais mais básicas se desenvolvem primeiro – as áreas motoras e sensoriais –, seguidas pelas regiões envolvidas na orientação espacial, na fala e na linguagem. Só mais tarde surgem as estruturas envolvidas na função executiva – os lóbulos frontais. E, no lóbulo frontal, o córtex pré-frontal é retardatário, sendo que o córtex pré-frontal lateral é o último a amadurecer. Enquanto essas partes do cérebro associadas a filtros de ideias continuam subdesenvolvidas, as crianças continuam pensadoras elásticas, naturalmente desinibidas.[17] Mas quando crescemos a espontaneidade e a imprevisibilidade tendem a esmaecer. Depois disso, pensar de modo elástico exige um trabalho bem mais difícil.

É na exploração desse estado imaginativo infantil que MacFarlane se dá bem. O que descobre quando está nesse estado é o que faz as pessoas não gostarem dele. Para outros, seu humor "colegial" e sem filtros é uma tentação para relaxar as inibições adultas e rir da incorreção política, o que de outra forma poderia assustá-los.

Os heróis, dos mitos gregos aos gibis da Marvel, têm poderes especiais. Assim como cada um de nós, esses poderes mudam no decorrer da vida. A mente iniciante é a força hercúlea do jovem, enquanto a perícia e o poder de perceber instintivamente o que funciona ou não é o sentido aranha dos homens mais maduros. A escritora e poeta Ursula K. Le Guin costuma ser citada por ter declarado: "A criatura adulta é a criança que sobreviveu."[18] Mas o espírito da criança não desaparece do nosso cérebro; simplesmente ele se torna mais difícil de conjurar. A verdade é que dentro de todos nós há redes neurais de uma criança brincalhona e imaginativa e de um adulto racional e autocensurado. O filtro do córtex pré-frontal lateral ajuda a decidir quais delas vão prevalecer em cada pessoa. A seguir, vamos analisar como a sintonia desses filtros influencia no que somos e como podemos nos ajustar a essa situação.

10. O bom, o louco e o esquisito

É um mundo louco, muito louco

Em 1951, a revista *Proceedings of the Entomological Society of Washington* publicou um artigo sobre a pesquisa realizada por uma talentosa cientista da Universidade de Massachusetts, Jay Traver.[1] Apesar de ser mais conhecida por seu revolucionário trabalho com efeméridas, nesse artigo Jay debate, numa linguagem altamente técnica e com grandes detalhes, como o corpo dela foi infectado por ácaros de poeira comum. Ela explica que os métodos habituais usados para se livrar dos ácaros, como xampus, não matam os aracnídeos, e apenas fizeram com que migrassem para outras partes do corpo. Jay descreve como, com a ajuda de diversos especialistas em parasitas, ela aplicou 22 substâncias nocivas, variando de DDT em pó a creolina, em suas tentativas de se livrar da infestação. Nenhuma fez efeito.

O que chamou atenção para esse artigo foi que não se sabe de casos de ácaros domésticos colonizando homens. Eles moram em roupas de cama, onde se alimentam de flocos ou escamas de pele. Sua presença pode causar reações alérgicas, mas eles não são parasitas. Tampouco são superinsetos – o DDT e outras substâncias que Jay Traver usou diariamente devia matá-los. Tão misterioso quanto, os ácaros não apareceram em amostras da pele dela, como deveriam.

Embora o artigo tenha sido publicado, os cientistas acabaram concluindo que Jay Traver não estava infectada por ácaros. Um pesquisador depois definiu-a como uma "autêntica cientista louca", como se outros cientistas loucos que conhecera no passado estivessem todos fingindo. No entanto, há autênticos cientistas loucos em toda parte.

E não apenas cientistas. É possível encontrar uma proporção maior que a média de profissionais exibindo comportamentos estranhos em todos os campos que favorecem os pensadores elásticos.[2] Para citar apenas uns poucos "excêntricos" famosos: o poeta e pintor William Blake estava convencido de que muitos dos seus trabalhos eram transmitidos a ele por espíritos; o bilionário empreendedor Howard Hughes tinha o hábito de se sentar nu por horas em seu quarto "isento de germes" no Beverly Hills Hotel – numa cadeira de couro branca, com um guardanapo cor-de-rosa envolvendo os genitais; o arquiteto Buckminster Fuller, criador do domo geodésico, passou anos só comendo ameixas secas, gelatina, filé e chá, e mantinha um diário em que fazia anotações a cada quinze minutos entre 1920 e 1983; o cantor e compositor David Bowie subsistiu por meio de leite e pimentas verde e vermelha durante a maior parte de seus anos produtivos nos anos 1970.

E ainda há o brilhante inventor Nikola Tesla.[3] Tesla sofria de alucinações e visões indesejadas. (Ele atribui sua ideia mais famosa, a eletricidade com corrente alternada, a uma dessas visões.) Nos últimos anos, Tesla desenvolveu um intenso amor pelos pombos. Nos dias em que não conseguia alimentar os pombos do Bryant Park, em Nova York, perto de onde morava, ele contratava um mensageiro da Western Union para cumprir a tarefa. Tesla acabou muito ligado a um pombo específico. Em suas palavras, era "um pássaro lindo, de pura brancura e asas de pontas cinzentas, … uma fêmea". Declarou a um colunista de ciência do *New York Times* que a pomba "me entendia e eu a entendia. Eu amava aquela pomba. Sim, eu a amava como um homem ama uma mulher, e ela me amava. … Aquela pomba era a alegria da minha vida. Se ela precisasse de mim, nada mais

Nikola Tesla (1856-1943), aos quarenta anos.

importava". Aquele era o tipo de amor que todos procuramos, só que com penas e um bico.

Essas histórias são comuns, tanto sobre pessoas famosas quanto sobre pessoas não tão famosas. Serão apenas anedotas divertidas ou existe uma relação significativa entre tendência a comportamentos excêntricos e capacidade de pensamento flexível?

O primeiro progresso na obtenção de respostas para essas perguntas surgiu nos anos 1960, num trabalho do geneticista comportamental Leonard Heston.[4] Curioso quanto aos componentes hereditários da esquizofrenia, Heston estudou crianças oferecidas para adoção por mães esquizofrênicas. Para sua surpresa, descobriu que metade das crianças *saudáveis* dessas mães exibia talentos artísticos e formas incomuns de excentricidade. Não eram esquizofrênicas, mas "eram dotadas de talento e demonstravam adaptações imaginativas à vida incomuns no grupo de controle", escreveu ele.[5] Essa era uma indicação de que uma esquizofrenia diluída poderia ser benéfica – isto é, que havia uma pequena dose de esquizofrenia herdada que dotava essas crianças de uma tendência tanto para o pensamento flexível quanto para um comportamento não conformista. Se for assim, o que significa uma "dose" de esquizofrenia, e como medi-la?

Medindo doses de loucura

Os psicólogos cunharam o termo "esquizotipia" para definir uma constelação de traços de personalidade como as que aqueles filhos de mães esquizofrênicas pareciam ter herdado. Pessoas com uma personalidade esquizotípica podem se situar em qualquer ponto do espectro entre uma "dose" branda de traços esquizofrênicos e a esquizofrenia total. Ao longo dos anos, os psicólogos desenvolveram vários questionários sobre personalidade para medir o tamanho da dose e poder avaliar o ponto em que as pessoas se situam no espectro. Veja, a seguir, um exemplo desses questionários.[6] Se quiser fazer um teste, simplesmente responda sim ou não às 22 afirmações/perguntas e conte o número de respostas afirmativas.

1. Às vezes as pessoas me acham distante e indiferente. _____
2. Alguma vez você teve a impressão de haver alguma pessoa ou alguma força ao seu redor, mesmo que não consiga ver nada? _____
3. Às vezes as pessoas fazem comentários sobre meus maneirismos e hábitos incomuns. _____
4. Às vezes você tem certeza de que outras pessoas sabem o que você está pensando? _____

5. Já sentiu alguma vez que um acontecimento ou um objeto comum pudesse ser um sinal especial para você? _____
6. Algumas pessoas acham que sou uma pessoa muito esquisita. _____
7. Eu sinto que preciso estar em estado de alerta até entre amigos. _____
8. Algumas pessoas me consideram um pouco vago e elusivo durante uma conversa. _____
9. Você costuma captar ameaças ocultas ou observações ofensivas no que as pessoas dizem ou fazem? _____
10. Quando está fazendo compras, você tem a sensação de que os outros estão olhando para você? _____
11. Eu me sinto muito desconfortável em situações sociais envolvendo gente desconhecida. _____
12. Você já teve experiências com astrologia, em ver o futuro, óvnis, percepção extrassensorial ou sexto sentido? _____
13. Eu às vezes emprego palavras de formas incomuns. _____
14. Já chegou à conclusão de que é melhor não deixar as outras pessoas saberem muito sobre você? _____
15. Eu tendo a ficar isolado em ocasiões sociais. _____
16. Às vezes se sente distraído por sons distantes que você normalmente não percebe? _____
17. É normal você ficar alerta para impedir que as pessoas tirem vantagem de você? _____
18. Você sente que é incapaz de "se aproximar" das pessoas? _____
19. Eu sou uma pessoa esquisita e incomum. _____
20. Acho difícil comunicar com clareza o que desejo dizer às pessoas. _____
21. Sinto-me muito inquieto falando com pessoas que não conheço bem. _____
22. Tenho tendência a guardar meus sentimentos comigo mesmo. _____

Número de respostas afirmativas: _____

Num estudo com aproximadamente 1.700 pessoas nas quais esse teste foi ministrado, a contagem média – o número de respostas afirmativas – ficou perto de seis. Se você respondeu sim a duas ou menos dessas afirmações e perguntas, está mais ou menos no um quarto mais baixo da população. Se tiver respondido sim a treze ou mais, está no alto da escala, mais ou menos nos 10% do topo da pirâmide. Os questionários indicam que os cientistas estavam no caminho certo. Ao longo dos anos, os que pontuaram mais nesses testes tendiam a ser tão excêntricos quanto bem-dotados de pensamento flexível, sobretudo de pensamento divergente.[7]

Assim que as pesquisas dos anos 1960 e 1970 relacionaram a personalidade esquizotípica ao pensamento flexível e à excentricidade, os psicólogos se concentraram em determinar as áreas do cérebro responsáveis por essas características. Demorou décadas para a tecnologia de imagens se desenvolver a ponto de lançar luz sobre esse mistério. Mesmo assim, a questão se mostrou um desafio, pois embora as ideias e o comportamento de pessoas que marcam pontos altos em esquizotipia possam parecer bastante peculiares, quando se examina a atividade cerebral, as características de alta esquizotipia são sutis. Recentemente, contudo, os pesquisadores conseguiram atingir uma sintonia fina em seus estudos, e o veredicto a que chegaram não surpreende: as relações excêntrico/flexível têm origem na redução da atividade do sistema de filtragem cognitiva do cérebro que vimos no capítulo anterior.[8]

O filtro cognitivo frouxo promove um alto nível de esquizotipia, uma tendência ao pensamento original e a desenvolver um comportamento não conformista, enquanto o filtro rigoroso produz o que os psicólogos chamam de *inibição cognitiva*, resultando em pensamentos e ações convencionais. Se você marcou muitos pontos na escala de esquizotipia, deverá ter mais facilidade que a média nessa nossa época frenética. Isso porque os que marcam muitos pontos estão perfeitamente adaptados ao novo e a situações de mudança. Na parte mais alta da escala, porém, as pessoas podem ter dificuldade em se manter coerentes.

É só olhar para o matemático John Nash, protagonista do livro *Uma mente brilhante*. Nash tinha uma personalidade esquizotípica e filtros cognitivos tão porosos que gerou uma variedade de ideias altamente imaginativas, como as da teoria dos jogos, que o levaram a ganhar o Prêmio Nobel. Infelizmente, depois de concluir sua revolucionária pesquisa, Nash caiu num longo período de esquizofrenia total, durante o qual ficou incapaz não só de trabalhar, como também de exercer funções normalmente. Qualquer ideia matemática brilhante que possa ter tido nesse período foi perdida numa chuva de ideias malucas.

O fato de o bizarro e a genialidade costumarem vir quase sempre da mesma fonte é ilustrado por uma conversa que Nash teve quando, afinal, se recuperou. Durante o período em que esteve doente, ele acreditava que alienígenas o haviam recrutado para salvar o mundo. Quando voltou a ficar bem, um amigo matemático perguntou por curiosidade como ele conseguira acreditar naquela ideia "maluca". "Porque as ideias que eu tinha sobre seres sobrenaturais me vinham da mesma maneira que minhas ideias matemáticas", respondeu Nash. "Por isso eu as levava a sério."[9]

Nash foi um caso radical, mas estudos de imagem mostram que pessoas que acreditam em outras ideias esquisitas, como telepatia, rituais mágicos e amuletos da sorte, costumam apresentar pouca atividade no córtex pré-frontal lateral e em outros circuitos de filtragem.[10] Podemos até correlacionar a maré e o fluxo dessa tendência a mudanças no cérebro durante o curso de vida da pessoa. A crença no sobrenatural declina quando a criança amadurece e o córtex pré-frontal lateral se torna mais desenvolvido; inversamente, na velhice, quando o rigor do córtex pré-frontal lateral decai e a inibição cognitiva diminui, aumenta a crença no sobrenatural.

Muitos dos nossos maiores pensadores parecem ter tido mentes localizadas no topo da escala esquizotípica. Os que produziram ideias originais de forma consistente em geral também foram originais, às vezes até bizarros em suas condutas, na forma como se apresentavam ou se vestiam e em seus relacionamentos. Foram até gente que se apaixona por pombas ou fala com alienígenas. Nessas pessoas, o grau de inibição cognitiva é suficientemente alto para elas desempenharem suas funções, mas muito baixo para produzirem ideias que a maioria consideraria inapropriadas – incluindo, às vezes, ideias que mudam o mundo.

Personalidades elásticas, das artes à ciência

Diferentes buscas criativas exigem variados graus de pensamento flexível inconsciente, em combinação com variados graus de capacidade consciente de modulá-los e moldá-los com o pensamento analítico. Na música, por exemplo, numa das pontas do espectro criativo estão artistas do improviso, como músicos de jazz. Eles precisam ser especialmente talentosos para reduzir as inibições e deixar o inconsciente gerar ideias. E apesar de o processo de aprendizado dos fundamentos do jazz exigir alto grau de pensamento analítico, esse estilo de pensar não é um grande fator durante a performance. Na outra ponta do espectro estão os que criam composições complexas, como um concerto ou sinfonia, que exigem não apenas imaginação, mas também minucioso planejamento e edição precisa. Sabemos, por exemplo, por suas cartas e relatos de outros, que nem mesmo as criações de Mozart surgiram espontaneamente, já formuladas em seu consciente, como relatam os mitos a seu respeito. Ao contrário, ele passava longas e árduas horas analisando e retrabalhando as ideias que surgiam de seu inconsciente, bem parecido com o que faz um cientista ao produzir uma teoria a partir do germe de um insight. Nas próprias palavras de Mozart: "Eu me concentro na música. … Penso nisso o dia inteiro. … Gosto de experimentar, de estudar, de refletir."[11]

Não existe um paralelo perfeito entre os tipos de pensamento exigidos para se dar bem em diferentes campos criativos e as personalidades dos que os praticam. Mas, como sugere o caso que contei no início do capítulo, existe certo grau de correlações verificáveis. Numa pesquisa, Geoffrey Wills, psicólogo e ex-músico profissional da Grande Manchester, na Inglaterra, estudou as biografias de quarenta pioneiros de renome mundial da "era de ouro" do jazz, plena de improvisos (1945-60).[12]

Wills descobriu que os pioneiros do jazz não somente eram não conformistas, como também, no plano pessoal, se mostravam muito mais inquietos do que se observa até em outros campos criativos. Por exemplo, Chet Baker era viciado em drogas; sua experiência favorita com drogas era "o tipo do barato que faz os outros morrerem de medo", a mesma *speedball*, uma mistura de cocaína e heroína, de que Timothy Treadwell – e John Belushi – tanto gostava. Charlie Parker consumia enormes quantidades de comida e era conhecido por beber dezesseis uísques duplos num período de duas horas. Miles Davis abusou de uma variedade de substâncias, teve muitas relações sexuais e uma queda por orgias e voyeurismo. Muitos outros entre os grandes adoravam carros esportivos velozes: Scott LaFaro, motorista reconhecidamente imprudente, morreu num acidente automobilístico aos 25 anos. O empenho excessivo na busca de sensações é tão comum que o tratado de Wills se torna tedioso de ler quando ele detalha a vida desses personagens que mencionei, bem como as de Art Pepper, Stan Getz, Serge Chaloff e Dexter Gordon, para mencionar só mais alguns.

Se os pioneiros do jazz formavam um grupo especialmente imprudente, entre as profissões que recompensam o pensamento flexível, a ciência é um campo no extremo oposto do espectro. Na ciência, as ideias geradas têm de ser mais que bonitas ou incomuns. Precisam concordar com o resultado dos experimentos.

O músico pode tocar com lotação esgotada num subsolo de Manhattan mesmo que seu trabalho soe para muitos como um guaxinim arranhando o quadro-negro. Mas a receita de um cientista para transformar mercúrio em ouro funciona ou não funciona.* Como resultado, o pensamento flexível é importante na ciência, mas também tão importante quanto é outra aptidão: a capacidade igualmente forte de domar a irrestrita geração de novas ideias e confrontá-las e desenvolvê-las por meio do pensamento analítico.

Na ciência, é difícil ser bem-sucedido se você tem uma personalidade "qualquer nota", como os grandes do jazz. E assim pessoas exitosas na ciência podem ser excêntricas ou "malucas", mas em geral percorrem caminhos menos radicais e perigosos. Entre os cientistas que conheci pessoalmente, havia um físico experimental que frequentava a cafeteria todos os dias, mas só comia os temperos; um professor de neurociência de meia-idade, de cabelos alaranjados, com uma tatuagem da Apple; um professor de física obcecado por flocos de neve; e um ganhador do Prêmio Nobel maníaco por banjos. E há também os exemplos mais famosos, como o de Albert Einstein, que catava tocos de cigarro na rua para cheirá-los quando o médico o proibiu de fu-

* Em 1941, cientistas realmente converteram mercúrio em ouro – o sonho dos alquimistas – bombardeando o metal com nêutrons num reator nuclear.

mar cachimbo; e Isaac Newton, que realizou uma análise matemática da Bíblia em busca de dicas codificadas sobre o fim do mundo.[13] Esses grandes cientistas eram pensadores elásticos, mas, tanto em suas vidas profissionais quanto nas pessoais, utilizaram o cérebro executivo para moderar o próprio comportamento, mais que os músicos pioneiros que eu mencionei.

Embora diferentes profissões estimulem diferentes estilos de pensamento, seja de músicos, cientistas ou pensadores originais em algum outro campo, é necessário ter a moderação do pensamento analítico e ordenado para transformar novas ideias num produto criativo – que seja útil, atraente, harmonioso ou cativante de alguma forma. Os psicólogos acreditam que uma das diferenças-chave entre pessoas com personalidade esquizotípica e as que realmente sofrem de esquizofrenia está na capacidade de se concentrar e, de forma mais geral, de aplicar um tipo de inteligência analítica e ordeira. Os que têm QI mais alto parecem mais aptos a manter na mente a barragem de pensamentos estranhos que costumam emergir de um rebaixamento da inibição cognitiva sem se tornarem disfuncionais na sociedade humana.[14] A dificuldade de dar forma e desenvolver ideias é o motivo, com exceção de Nash, pelo qual os esquizofrênicos e outros com graves disfunções psiquiátricas não estão bem representados nem nas artes nem na ciência.[15]

O médico e o monstro dentro de nós

Crescendo nos anos 1940, Judith Sussman sempre buscou saídas para sua imaginação.[16] Às vezes isso significava brincar com bonecas; às vezes era dançar; às vezes, simplesmente ficar andando horas segurando um balão e inventando histórias e personagens. Nos anos 1950, a garota com o balão se tornou aluna da Universidade de Nova York, onde conheceu um homem com outra mentalidade e afinidade com o pensamento analítico – um futuro advogado. Nos anos 1960 ela se assentou e tornou-se uma dona de casa com dois filhos. Logo passou a ter uma casa com muitos cômodos, mas sem espaço para as ideias sempre fervilhantes de sua mente elástica. Embora uma parte dela florescesse – ela adorava ser mãe –, a outra parte fenecia. "Eu me senti infeliz com o meu papel", ela me disse. "Eu não tinha muita vontade de fazer nada em especial; só sabia que estava desesperada para ser criativa de novo. Não consegui abandonar aquela parte de mim." Foi quando resolveu começar a escrever.

O tempo livre de que dispunha era escasso, mas Judith Sussman fez de escrever uma prioridade, quase tão importante quanto lavar roupa ou preparar um ensopado para o jantar. Ela notou que, para o marido, seu novo foco parecia subversivo. Ele tinha se casado com uma mulher razoável, que agora o estava traindo. Os amigos dela tampouco deram apoio – não era uma época muito tolerante com donas de casa descontentes. Judith tampouco teve estímulo dos editores a quem mandou seu material. "Eu chorei quando recebi a primeira carta de recusa", conta ela. "E continuei sendo recusada por mais dois anos."

Mas Judith Sussman continuou a escrever e publicou seu primeiro livro em 1969, com o nome de casada, Judy Blume. (Ela se divorciaria do marido, John Blume, em 1976.) Nas décadas seguintes, sua ficção para jovens adultas e quatro romances adultos se tornaram grandes sucessos de venda, e vários chegaram ao primeiro lugar da lista do *New York Times*. Os livros venderam mais de 10 milhões de exemplares e ganharam dezenas de prêmios literários, transformando-a numa rara combinação de sucesso comercial e de crítica.

Por que Judy Blume se manteve firme apesar das dificuldades, da falta de apoio, do preço que pagou em seu casamento? "Quando comecei a escrever, passei a me sentir ansiosa para levantar de manhã", ela me explicou. "Escrever me salvou naqueles anos. Porque imaginação é uma coisa de que preciso na vida. Eu preciso disso para ser saudável. Preciso disso para viver. Faz parte de mim."

William James e Sigmund Freud teriam entendido Judy Blume. Apesar de não saberem nada da competição de cima para baixo versus de baixo para cima na nossa cabeça, James e Freud propunham que tanto o pensamento rígido e analítico quanto os modos elásticos imaginativos de pensamento eram partes essenciais de todos nós. Em certo sentido, todos somos dois pensadores em um.

Vamos considerar o seguinte experimento. Pesquisadores pediram aos pesquisados que analisassem a verdade de vários silogismos enquanto retratavam imagens nos seus cérebros num aparelho de fMRI.[17] Alguns silogismos eram abstratos, do tipo "Todos os A são B. Todos os B são C. Donde todos os A são C." Outros tinham significado, como "Todos os cachorros são bichos de estimação. Todos os bichos de estimação são peludos. Donde todos os cachorros são peludos".

Do ponto de vista da lógica pura, esses silogismos são idênticos. A diferença de no segundo silogismo a letra "A" ter sido substituída por uma fileira de letras ("cachorros") não tem importância. Para o nosso cérebro associativo, no entanto, há um universo de diferença. A letra "A" é só uma letra, mas a palavra "cachorros" está ligada a todo um catálogo de significados e sentimentos, dependendo de quem somos como indivíduos.

Um computador sopesaria a validade dos dois silogismos usando o mesmo pensamento analítico, pois é o tipo de pensamento que é capaz de fazer. E você pode pensar que os humanos também, já que os silogismos têm uma estrutura lógica idêntica. Mas, na verdade, o cérebro humano aborda os dois silogismos de forma bem diferente. Quando julgavam a verdade de silogismos envolvendo apenas letras abstratas, os sujeitos do experimento usavam uma rede de estruturas neurais, mas usavam outra quando julgavam os silogismos com palavras com significados. A composição exata dessas redes não é importante para nós aqui. O importante é que elas são *diferentes*.

Dentro de cada um de nós existem dois pensadores distintos, um lógico e um poeta, competidores de cuja luta emergem nossos pensamentos e ideias. Todos podemos alterar entre o modo de pensamento no qual espontaneamente geramos ideias originais e o que as escrutina racionalmente, e nosso sucesso em parte oscila entre a capacidade de alterar os modos de acordo com a necessidade.

Quando conversei com Judy Blume, tive a impressão de que há um aspecto da sua existência de que ela está muito ciente, justamente essa capacidade de alternar esses dois modos distintos de pensamento. O pensamento comum dela é claro e bem-ordenado. Mas quando escreve seus romances, diz Judy, "é como se eu fosse outra pessoa. Escrevo porque existe esse outro alguém dentro de mim. E esse alguém precisa se expressar. Mas quando leio um de meus livros depois de ser publicado, é normal pensar *Fui eu mesma que escrevi isso?*". Eu sei o que ela quer dizer com isso.

11. Libertação

Vamos ficar chapados

Alguns anos atrás, um cientista escreveu um ensaio sobre suas primeiras experiências com maconha.[1] Aos vinte e poucos anos, quando teve as experiências que descreve, ele já tinha experimentado a erva algumas vezes, mas não sentira nada. Agora estava deitado de costas no quarto de um amigo, tentando de novo. Seus olhos exploravam ociosamente as sombras projetadas por uma planta no teto. De repente, bateu. As sombras tomaram a forma de um automóvel. Não um automóvel qualquer, mas um Volkswagen em miniatura, com uma incrível riqueza de detalhes. Ele conseguia discernir a roda e o trinco do capô. Será que haveria um carro no teto? Aquela ideia maluca sobreviveu à filtragem cognitiva que a teria censurado se ele estivesse sóbrio. Mas, apesar de ter surgido em sua consciência, o cérebro analítico disse que ela era uma ilusão. Afinal, ele devia estar chapado, deduziu.

O jovem cientista disse que foi naquele momento que descobriu que gostava de ficar doidão. Para mim, não foi uma grande revelação – algo parecido a quando percebi que preferia milk-shake de chocolate ao fígado grelhado que minha mãe costumava fazer. Mas naquela época o que se pensava a respeito da maconha era algo quase universalmente negativo. Claro que fumar sempre foi ilegal. Embora diversos comitês em atividade nas universidades incentivem os pesquisadores que ampliam nosso conhecimento sobre o Universo, a descoberta do prazer de fumar maconha não é o que eles têm em mente. Então, quando acabou escrevendo seu ensaio sobre a *Cannabis*, esse cientista o fez anonimamente, como Mr. X, para proteger sua florescente carreira acadêmica.

Como era cientista, ele anotou em seu ensaio o que significava uma onda de maconha. Disse que tinha percepções e fazia associações que na vida diária pareciam bizarras, mas que naquele estado ficavam perfeitamente razoáveis – como os alienígenas de John Nash. A maconha ressaltou a capacidade de seu pensamento flexível, e por meio da experiência com a *Cannabis*, escreveu, ele entendeu a mente de pensadores que chamamos de malucos.

O pesquisador achou também que conseguia apreciar música e arte como nunca antes, envolvendo-se com "um sentimento de comunhão com meu ambiente, tanto animado quanto inanimado". Houve até um "aspecto religioso" no barato – e um aspecto sensual. "A livre associação … produziu um conjunto muito rico de insights. … A *Cannabis* também intensifica o prazer do sexo – por um lado, propiciando uma sensibilidade requintada, mas por outro protelando o orgasmo: em parte por me distrair com a profusão de imagens passando diante dos meus olhos."

Uma pitada de loucura, a formação de associações incomuns, o sentimento de estar em contato com um mundo além do cotidiano, a elevação da sensibilidade artística, uma suscetibilidade à distração – a minuciosa descrição desse cientista do barato induzido pela droga, escrita em 1969, apresenta semelhanças notáveis com a personalidade esquizoide que os cientistas começam agora a entender.

Durante a maior parte da história, não dispúnhamos de tecnologia para decifrar como as substâncias que alteram a mente afetam o pensamento flexível. Mesmo quando a obtivemos, o status ilegal dessas substâncias desencorajaram os pesquisadores a estudá-las. Um dos raros primeiros estudos, publicado na prestigiosa revista *Nature* em 1970, foi realizado por um psicólogo da

Universidade da Califórnia, em Davis, na época uma escola de agricultura de primeira linha, perto do que talvez fosse o maior centro do país em termos de consumo e cultivo de maconha.[2] Nesse estudo, o pesquisador distribuiu questionários para 153 maconheiros, ou, como ele os chamou, "experientes usuários de maconha". Os questionários pediam que descrevessem a experiência, e as respostas mais comuns foram tabuladas.

Lendo esse trabalho hoje, pode-se notar, como o cientista em seu ensaio, uma marcante correspondência entre os efeitos da maconha e o aumento da capacidade de pensamento flexível e de pensamento integrativo, que eram ajudados com a abertura dos filtros cognitivos. Por exemplo, alguns dos sentimentos mais repetidos foram:

"As ideias que me vêm à mente são muito mais originais."

"Eu penso sobre coisas de uma forma intuitivamente correta, mas que não segue as regras da lógica."

"Afirmações ou conversas corriqueiras parecem ganhar novos significados."

"Espontaneamente, insights sobre mim mesmo ... me vêm à mente."

"Fico mais aberto a aceitar contradições entre duas ideias."

Recentemente, um amigo meu disse que queria ter uma vida mais saudável, por isso planejava beber menos e fumar mais. Sua observação refletiu a tendência à aceitação e à descriminalização da maconha que agora se difunde no mundo ocidental. Essa nova atitude social finalmente resultou num aumento do número de experimentos que investigam os relatos anedóticos sobre os benefícios da droga.

Num deles, uma pesquisa de 2012, 160 usuários de *Cannabis* foram recrutados para comparecer a duas sessões experimentais.[3] Numa sessão, foi pedido que não fumassem pelo menos nas 24 horas anteriores ao teste, condição verificável tomando-se uma amostra da saliva. Para a outra sessão, pediu-se que levassem sua própria maconha e fumassem no laboratório.

Nos dois dias, os sujeitos passavam por uma bateria de testes para medir o pensamento flexível. Por exemplo, a fluência foi testada pedindo-se aos participantes para citar quantos animais de quatro patas e frutas conseguiam pensar em sessenta segundos, e o pensamento divergente foi sondado pedindo que gerassem uma palavra relacionada a todas as palavras de uma tríade de palavras – o mesmo desafio CRA utilizado por Kounios e Beeman.

Os resultados foram fascinantes. Os que se saíram bem nesses testes quando sóbrios não foram afetados pela maconha. Mas os que foram mal quando sóbrios melhoraram sob a influência da erva. Na verdade, os sujeitos que foram mal em pensamento divergente quando sóbrios foram tão bem quanto os outros sob efeito da droga. A maconha aumentou a originalidade de seus pensamentos.[4] Nessas habilidades, como disseram os cientistas, "fumar *Cannabis* num cenário naturalista induziu aumentos significativos" dos traços esquizotípicos.

Não é surpresa que a maconha provoque essas respostas, pois sabemos como ela afeta o cérebro. Sabe-se que o princípio ativo da maconha, uma substância chamada THC, suprime a função dos filtros do lóbulo pré-frontal do cérebro. Aparentemente, aqueles que foram bem nos testes de pensamento flexível quando sóbrios já tinham os filtros naturalmente baixos, por isso não havia muito como ajustá-los para melhor. Mas os outros tinham mais espaço para ser ampliado, e o THC conseguiu fazer isso. Nesse sentido, a maconha é um equalizador do pensamento flexível – permitindo que se chegue ao potencial máximo, embora faça pouco para quem já estiver ali.

O cientista anônimo terminou seu ensaio com as palavras: "A ilegalidade da *Cannabis* é ultrajante, um empecilho para a utilização plena de uma droga que pode proporcionar serenidade e insight, a sensibilidade e o companheirismo, tão desesperadamente necessários neste mundo cada vez mais louco e perigoso." O autor morreu umas duas décadas antes de seu desejo começar a ser levado em conta. O nome dele era Carl Sagan.

No vinho, a verdade; e também na vodca

Sagan estava certo quanto aos benefícios da maconha. Mas, como acontece com todas as drogas, pode haver efeitos colaterais negativos. Especialmente preocupante é o fato de que, se você já tiver um nível elevado de esquizotipia, o uso da maconha pode forçá-lo a ultrapassar o limite para a psicose.[5] Talvez isso tenha acontecido com Brian Wilson, líder e um dos fundadores da banda Beach Boys. Wilson foi um dos músicos mais inovadores e influentes do século XX. Sua abordagem heterodoxa incorporava texturas da música orquestral em composições pop, resultando em mais de duas dezenas de sucessos entre as Top 40 dos anos 1960. Sua obra inspirou seus contemporâneos e energizou o cenário musical da Califórnia a ponto de suplantar Nova York como centro de música popular. Até suas técnicas de produção eram revolucionárias – ele usava as sessões de gravação para experimentar e criar arranjos e instrumentações. Hoje isso se tornou lugar-comum, mas no início dos anos 1960 era algo inédito.

Wilson começou a usar maconha de forma recreativa em 1964. Logo depois começou a usar a droga com propósitos criativos.[6] Acreditava que a influência da maconha o inspirava a abandonar os arranjos convencionais mais simples do rock e a desenvolver seu estilo específico.[7] Mas, em 1963, Wilson começou a ouvir vozes indistintas, e quando passou a fumar maconha seus sintomas pioraram consideravelmente. Ele tornou-se obcecado com pequenos detalhes. Não detalhes importantes, como a marca de óleo de limão para passar nos trastes do braço do contrabaixo, ou as reclamações do contador a respeito de todas as regras do imposto de renda, mas com detalhes sem sentido, como o número de azulejos no chão ou o número de ervilhas no próprio prato. Em 1966 ele só dava entrevistas na piscina de sua residência, convencido de que a casa estava infestada de dispositivos de escuta.

Em 1982, Wilson foi diagnosticado com um transtorno esquizoafetivo.[8] Essa é uma disfunção em que o paciente sofre tanto de elementos da esquizofrenia quanto da bipolaridade, que pode ter sido disparada pelo uso intensivo de maconha. Nunca saberemos como a doença de Wilson teria progredido se ele não tivesse usado maconha, mas sua história pode servir de alerta. Apesar de a maconha ser útil na manipulação do equilíbrio de forças no cérebro, ela pode ser perigosa para certas pessoas.

Isso também vale para outra substância que muitos artistas, músicos e escritores eminentes afirmaram ter desempenhado um papel importante em seu sucesso: o álcool. Como dizia o músico Frank Varano: "Tem dias em que minha cabeça está tão cheia de pensamentos malucos e originais que mal consigo dizer uma palavra. Nos outros dias, a loja de bebidas está fechada." Esse tipo de testemunho remete pelo menos ao ano 424 a.C., quando Aristófanes escreveu, em sua peça *Os cavaleiros*: "Quando os homens bebem, eles são ricos e bem-sucedidos. … Rápido, traga-me uma caneca de vinho para eu molhar a mente e dizer alguma coisa inteligente."

A ciência recente parece confirmar que o álcool exerce efeitos benéficos sobre o pensamento flexível. Por exemplo, em estudo de 2012, simultâneo ao estudo da maconha feito no mesmo ano, quarenta jovens em torno dos vinte anos que bebiam socialmente foram recrutados pelo site Craigslist.* Metade foi servida

* Site americano de anúncios classificados. (N.T.)

de vodca e suco de frutas silvestres suficientes para levá-los ao limite do legalmente bêbados. Os outros beberam só o suco. A todos foram apresentados problemas cujas soluções exigiam pensamento flexível. Os bêbados solucionaram cerca de 60% dos problemas; os sóbrios, 40%. Mais ainda, os estudantes de pileque completaram o teste mais depressa.[9]

O problema do álcool como auxiliar do pensamento é que, embora o desfoque provocado afrouxe os processos de pensamento, eles ficam tão frouxos que o trem sai dos trilhos. O mesmo é verdade no caso da maconha. Em ambos, trata-se mais ou menos de um ajuste de compensações como o que há entre esquizotipia versus esquizofrenia. Depois de uma ou duas doses, ou de uma tragada de maconha, aumenta o escopo de ideias na formulação de uma estratégia de negócios – mas se você estiver muito alto essas ideias se revelam inúteis ou incoerentes.

Outra área popular de pesquisas com drogas hoje é a dos psicodélicos. Alguns cientistas estudaram os efeitos do LSD nos anos 1960, mas embora os psicodélicos estejam entre as drogas "recreativas" menos prejudiciais e menos viciantes, quase todas essas substâncias foram criminalizadas praticamente no mundo todo em 1971 pela Convenção sobre Substâncias Psicotrópicas da Organização das Nações Unidas. Como resultado, ainda que o veto permitisse exceções para propósitos médicos ou científicos, durante décadas não houve novas pesquisas significativas. Nos anos recentes, porém, com o afrouxamento das atitudes sociais em relação às drogas, os estudos científicos com psicodélicos foram retomados com renovado vigor.

A imagem resultante fascina – os cientistas estão começando a relacionar relatórios anedóticos da experiência psicodélica com estruturas e processos específicos no cérebro. Por exemplo, usuários de LSD e de psilocibina (o cogumelo "mágico") em geral sentem uma profunda "autotranscendência" e uma redução da sensação de ego, como se os limites entre eles e o mundo exterior "se dissolvessem". Um grupo de Oxford conseguiu fazer uma conexão anatômica administrando esses psicodélicos de forma intravenosa e analisando o cérebro dos sujeitos com um aparelho de fMRI.[10]

Os pesquisadores de Oxford descobriram que o LSD e a psilocibina afetam elementos da rede default. Trata-se do sistema de estruturas de que falamos no Capítulo 6, que entra em ação quando o cérebro executivo não está dirigindo nossos processos de pensamento. A rede default exerce um papel fundamental nas conversações internas da nossa mente, que ajudam a desenvolver e a reforçar nosso sentido do eu, por isso não é inesperada a relação entre a droga e uma redução da percepção de ego. Mas também vimos no Capítulo 6 que o modo default tem importante papel no pensamento flexível. Por isso, os pesquisadores de Oxford sugerem a questão de saber se o LSD e a psilocibina favorecem ou inibem o pensamento flexível. Os trabalhos sobre o tema ainda estão em andamento.

Um psicodélico cujo efeito sobre o pensamento flexível é mais compreendido é a ayahuasca, um chá verde psicotrópico sul-americano feito com uma trepadeira selvagem por nativos da Amazônia. Diversos escritores, inclusive a romancista chileno-americana Isabel Allende, falaram sobre os efeitos da ayahuasca em sua obra. Isabel, cujos livros venderam mais de 50 milhões de exemplares e foram traduzidos para quase trinta idiomas, saturou-se na poção de gosto desagradável para romper com um bloqueio que a impedia de escrever. Para ela, foi uma experiência transformadora, que libertou sua mente e fez com que as ideias voltassem a fluir. "Foi a experiência mais intensa, mais inimaginável que já tive", contou. "Foi muito reveladora e muito importante, e abriu um bocado de espaço dentro de mim."[11]

Os que ingerem ayahuasca começam a sentir seus efeitos entre 45 e sessenta minutos após a tomarem na forma de chá. Eles relatam ter visões, perceber emoções intensas e experimentar um notável aumento da fluência mental – gerando ideias em passo acelerado, especialmente quando fecham os olhos. Mais importante: as ideias surgidas são mais variadas que o usual – esses indivíduos se dão espetacularmente bem em testes de pensamento divergente. Mas ainda que aspectos dos processos de pensamento flexível sejam ressaltados, a ayahuasca, como outras drogas, também é uma faca de dois gumes. A intensificação do pensamento flexível se dá em detrimento do pensamento analítico.

Como alguns goles de um chá horrível exerce tal efeito de amplo escopo na forma como pensamos? No Capítulo 4 eu falei sobre as hierarquias neurais no córtex. No nível mais alto de cada hemisfério do cérebro estão os lóbulos, formados por várias moléculas, que por sua vez são formadas por submódulos, num esquema que pode ser seguido por todo o trajeto até os neurônios individuais. Os 180 módulos e submódulos que identificamos até agora enviam e recebem sinais via uma complexa rede de filamentos neurais. A ramificação mágica de tudo isso é um fluxo de informações que combina o processamento flexível de baixo para cima com o processamento executivo de cima para baixo. Parece que a ayahuasca funciona interferindo com esses fluxos de informação, reduzindo o controle de cima para baixo e intensificando a influência dos processos de baixo para cima.[12]

Uma das consequências disso é o afrouxamento da força cognitiva exercida pelo córtex pré-frontal. Comparado aos efeitos da maconha e do álcool, o rompimento dos caminhos habituais do tráfego de sinais neurais causado pela ayahuasca tem um efeito muito mais amplo e profundo, modificando radicalmente a percepção do usuário, sua experiência da realidade e, assim como o LSD e a psilocibina, até sua noção de eu.

Cabe realizar novas pesquisas para elucidar em detalhes o mecanismo pelo qual a ayahuasca atua. Com mais pesquisas, pílulas para incrementar o pensamento flexível podem não estar muito longe da realidade. Algumas pessoas, principalmente no Vale do Silício, já estão usando "psicodélicos de desempenho" feitos em casa, como microdoses de LSD. Essas drogas seriam companheiras naturais de outras que aumentam o foco no pensamento analítico, como o Vyvanse e o Adderall – que, embora sejam viciantes, também circulam nos campi universitários –, e de pílulas de aumento da memória agora desenvolvidas para ajudar pacientes com mal de Alzheimer.

Talvez em algum momento no futuro nós tenhamos um coquetel seguro e equilibrado de tais drogas para aumentar a inteligência como um todo. Se isso fosse possível, essas drogas certamente seriam motivo de controvérsias. Alguns se oporiam ao seu uso por serem contra quaisquer drogas que alterem a mente. Outros ressaltariam que elas proporcionam uma vantagem injusta para os que podem comprá-las, ou que têm efeitos colaterais daninhos. Por outro lado, o aumento da inteligência humana levaria a grandes descobertas médicas e científicas e a inovações que poderiam tornar a vida melhor para todos.

Seja qual for o futuro da pesquisa, não saia por aí procurando pílulas de ayahuasca ainda, pois a perturbação das hierarquias mentais produzida por essa substância exerce um lado negativo forte e não prático. Isabel Allende disse que enfrentou demônios e viu-se como uma aterrorizada garotinha de quatro anos, encolhida no chão, tremendo, vomitando e resmungando durante dois dias. "Acho que a certa altura passei por uma experiência de morte", relatou. "Eu não era mais um corpo, uma alma, um espírito ou qualquer coisa. Só havia um total e absoluto vazio que não dá nem para descrever." A ayahuasca eliminou seu bloqueio como escritora. Mas ela concluiu: "Eu não quero nunca mais fazer isso."[13]

O revestimento prateado da fadiga

Já vimos que as drogas e o álcool podem incrementar o pensamento flexível ao enfraquecer nossos filtros cognitivos. Felizmente, há também maneiras mais naturais de liberar esse tipo de pensamento. Em 2015, um grupo de pesquisadores franceses mostrou, por exemplo, que o simples ato de exaurir o cérebro executivo antes de começar a refletir sobre uma questão intelectualmente desafiante pode desencadear uma abordagem mais eficiente do cérebro elástico.[14]

Os cientistas franceses fatigaram o cérebro executivo de seus sujeitos fazendo-os praticar um tedioso exercício chamado "tarefa de Simon". Nesse exercício, os participantes são expostos a um conjunto de setas apontando para a esquerda e a direita no monitor de um computador, com uma delas sempre posicionada no centro da tela. Eles são instruídos a apertar no teclado a seta da esquerda ou a da direita, de acordo com a direção em que a seta central aponta.

A chave para o experimento é que, para se concentrar na seta central, os participantes devem suprimir a influência das outras setas. Essa supressão é conseguida pelo córtex pré-frontal, e realizar essa tarefa muitas vezes por quarenta minutos, sem um intervalo, como deve ser feito, é mentalmente exaustivo.

Quando a tarefa de Simon embotou as faculdades executivas dos participantes, os pesquisadores fizeram um teste com o pensamento flexível. Eles tinham alguns minutos para imaginar o máximo de utilizações possível para uma série de utensílios domésticos, como um balde, um jornal ou um tijolo. As respostas são pontuadas de acordo com critérios como o número total de usos que o participante consegue imaginar e a originalidade de cada ideia (julgados em comparação aos números de outros participantes que também responderam ao mesmo quesito). Os pontos são então comparados com os de um grupo de controle que não passou pela tarefa de Simon.

Os pesquisadores descobriram que quando a capacidade do indivíduo para funções executivas estava esgotada, tanto o número total de usos imagináveis quanto sua originalidade eram significativamente maiores. A lição a extrair é que, embora consideremos o melhor momento para pensar aquele em que estamos descansados, nossa capacidade de pensamento *flexível* pode ser maior quando nos sentimos "pregados". É bom saber disso ao programar suas tarefas – você pode estar melhor para gerar ideias imaginativas se exercer esse tipo de pensamento depois de trabalhar em alguma tarefa que envolva um período de esforços tediosos e focados que esgote seu poder de concentração.

A pesquisa francesa também sugere uma questão sobre nossos ritmos pessoais. Nem todo mundo se sente sempre mais apto em determinada hora do dia, mas, para muitos, os rótulos de "pessoa matutina" e "pessoa noturna" são bem merecidos – estudos confirmam que nossos processos corpóreos, como batimento cardíaco, temperatura, estado de alerta e o funcionamento executivo do córtex pré-frontal realmente seguem ritmos diários regulares.[15] E variam de uma pessoa para outra, regidos por um aglomerado de cerca de 20 mil neurônios situados no hipotálamo, logo acima do tronco cerebral. Assim, se você acha que pode sentar, se concentrar e esmiuçar suas tabelas, leituras profissionais e outros trabalhos analíticos com o máximo de eficiência de manhã ou à noite, existe uma boa explicação psicológica para isso. Mas a pesquisa francesa sugere um novo truque:

sua capacidade de pensamento flexível pode estar no pico na outra ponta do dia, quando o poder analítico estiver mais fraco.

Em 2011, uma dupla de cientistas da Universidade do Estado de Michigan investigou essa questão numa pesquisa realizada com 223 estudantes universitários, que preencheram um questionário "Manhã-Noite" para determinar se se encaixavam nos critérios de pessoa matutina ou noturna.[16] Pedia-se – aleatoriamente – que os participantes passassem pelo experimento entre as 8h30 e 9h30 da manhã ou à tarde, entre as 16h e as 17h30. Em outras palavras, dependendo da hora em que foram testados, alguns estavam no auge e outros estavam no pior momento.

Cada estudante recebia um papel, um lápis e seis problemas para resolver. Tinham quatro minutos para cada um. Três dos problemas eram enigmas semelhantes aos que mencionei no Capítulo 5, como o de Marsha e Marjorie, garotas nascidas no mesmo dia, da mesma mãe e do mesmo pai, mas ainda assim não eram gêmeas. Encontrar a solução para esses enigmas exigia que o participante se envolvesse na reconfiguração de suas estruturas de pensamento original. No caso de Marsha e Marjorie, isso significa descartar a imagem de duas garotas sugerida pelas palavras do enigma, pois a solução é que Marsha e Marjorie são trigêmeas. Os outros três eram problemas estritamente "analíticos", do tipo que exige muita concentração, mas que pode ser solucionado sistematicamente, e não exige pensamento flexível. Por exemplo: "O pai de Bob é três vezes mais velho que Bob. Quatro anos atrás, o pai de Bob era quatro vezes mais velho que Bob. Que idades têm Bob e o pai?"

Enquanto os estudantes testados em suas horas de pico resolveram mais os problemas analíticos, um número maior de enigmas foi resolvido por estudantes testados fora de suas horas de pico, quando o córtex pré-frontal não estava funcionando com a capacidade total. "A concentração atencional mais difusa", escreveram os pesquisadores, os levou a "ampliar a busca por suas redes de conhecimento". Essa ampliação gera um desempenho melhor em solução de problemas que exigem pensamento flexível.

Trata-se de uma boa notícia para aqueles que se sentem mentalmente entorpecidos pela manhã ou para os que, no final do dia, se sentem confusos e incapazes de se concentrar. Para mim, explicou muita coisa. Eu sou uma "pessoa noturna". Meus melhores trabalhos científicos acontecem no final do dia, enquanto em meu estupor matinal já fiz coisas como jogar o ovo na pia e começar a fritar a casca na frigideira. E já percebi há muito tempo que *escrevo* melhor nesse período letárgico das manhãs, inútil para outros propósitos.

Agora eu entendo por quê. Apesar de o sucesso na ciência exigir ideias originais, leva um bom tempo para deduzir suas consequências depois que você teve a ideia, e é nesse modo analítico que a gente passa a maior parte do tempo – por isso meu trabalho científico é melhor à noite. Em comparação, quando escrevo, a necessidade de pensamento flexível é quase constante. Consequentemente, a "incapacidade" do meu cérebro executivo matinal é uma vantagem para escrever. Por isso, aprendi a ouvir o meu ritmo – que algumas atividades são mais bem-feitas quando ainda estou com os olhos sonolentos e outras depois que o peso do dia já desenhou olheiras embaixo deles.

Não se preocupe, seja feliz

No dia 22 de setembro de 1930, a madre superiora das Irmãs Norte-Americanas de Milwaukee, Wisconsin, enviou uma carta para jovens freiras em diferentes partes do país pedindo que escrevessem ensaios de trezentas palavras sobre suas vidas.[17] A maioria na casa dos vinte anos, as freiras deveriam incluir fatos extraordinários e edificantes da infância e influências que as levaram à vida religiosa. Os ensaios manuscritos não somente continham um relato de informações e sentimentos; também refletiam, na maneira como eram escritos, a personalidade de cada freira.

Os ensaios acabaram arquivados e continuaram intocados por décadas. Então, sessenta anos depois de terem sido escritos, foram encontrados por acaso por um trio de pesquisadores sobre longevidade da Universidade do Kentucky, cujo trabalho se concentrava em freiras aposentadas. Surpreendentemente, 180 das autoras desses ensaios estavam entre seus sujeitos da pesquisa.

Percebendo uma oportunidade extraordinária, os cientistas analisaram os conteúdos emocionais dos ensaios, classificando-os como positivos, negativos ou neutros. Em seguida, durante os nove anos seguintes de pesquisa, eles tabularam a correlação entre a disposição pessoal das freiras e seus tempos de vida. A conclusão foi espantosa: as freiras que tiveram vidas mais positivas viveram cerca de dez anos mais que as outras.

O estudo das freiras ajudou a impulsionar um novo campo chamado "psicologia positiva". Diferentemente da psicologia, que se concentra nos problemas pessoais e nas doenças mentais, a psicologia positiva se concentra em fomentar sentimentos positivos. É sobre como você joga com as forças que o ajudam a prosperar. Trata-se de uma abordagem que se tornou popular com as quinhentas empresas da *Fortune*, pois as pesquisas mostram que uma força de trabalho contente é mais produtiva e criativa. O que nos traz à outra forma pela qual podemos relaxar nossos filtros cognitivos sem apelar para drogas ou tecnologia: simplesmente melhorando o estado de espírito.

Para entender como isso funciona, considere as diferenças entre emoções positivas e negativas.[18] Emoções negativas como medo, raiva, tristeza e nojo evocam respostas no nosso sistema nervoso autônomo, como elevação do batimento cardíaco ou vômito. Essas reações autônomas refletem o propósito evolutivo das emoções negativas. Cada uma delas está associada a um impulso para agir de forma específica.* Elas estão dizendo que há algo errado. Nos tempos pré-históricos, significavam a presença de algum perigo, e que era preciso agir de certa forma. A raiva nos dá coragem para atacar, o medo nos incita a fugir, o nojo nos faz cuspir o que ingerimos. Em comparação, não há nenhuma reação autônoma que distinga diferentes emoções positivas. E não há nenhum ímpeto específico que resulte da felicidade, nenhuma reação automática à serenidade, nenhuma resposta reflexiva à gratidão.

Ao criar um foco instantâneo em alguma resposta comportamental específica, a emoção negativa estreita o escopo das possibilidades que os filtros cognitivos deixam passar. Como resultado, o mau humor desestimula o pensamento flexível. Por exemplo, num experimento, foram induzidas emoções negativas fazendo os participantes assistirem a clipes de filmes mostrando situações trágicas. Isso criou uma postura mental analítica, fazendo com que os pesquisados tivessem mau desempenho num desafio para produzir novas associações de palavras.

Com o bom humor é diferente. Como não surgem com itens de ação, emoções positivas não estreitam sua atenção. *O que* elas fazem? A psicóloga Barbara Fredrickson, da Universidade

---

* No mundo moderno e "civilizado", pode não haver uma ação a ser tomada como resposta à emoção negativa. Por exemplo, você sente raiva porque outro motorista o fechou ou buzinou atrás do seu carro, mas a melhor reação é não fazer nada. Em tais situações, o fato de não existir uma resposta talvez seja perturbador, pois o cérebro foi projetado para produzir uma resposta. Prepara-se para responder por reflexo e, se você não responder, a frustração e o sentimento de impotência resultantes são difíceis de administrar.

de Michigan, sugeriu que o propósito das emoções positivas está em fazer exatamente o contrário.[19]

As emoções positivas, argumentou Barbara, nos incitam a considerar uma gama mais ampla de pensamentos e ações características. Elas nos estimulam a criar novos relacionamentos, expandir nossa rede de apoio, explorar o ambiente e nos abrirmos para absorver informações. Essas atividades aumentam a resistência e reduzem o estresse, e é a razão por que uma postura feliz contribui para a sobrevivência e a longevidade.

Para realizar essa ampliação da atenção, raciocinou Barbara Fredrickson, o cérebro precisa expandir a amplitude de possibilidades que nossos filtros cognitivos deixam passar – e isso nos permite considerar um arco maior de soluções quando encontramos um problema. Experimentos têm confirmado essa teoria. Eles revelam que a disposição positiva tem efeito semelhante a um barato de drogas, fornecendo mais ideias originais à mente consciente.[20]

Num dos estudos, voluntários que ficavam de bom humor assistindo a vídeos engraçados ou se deliciando com refrescos saborosos se saíam significativamente melhor em testes de pensamento flexível que um grupo de controle que passava o mesmo período envolvido numa atividade neutra em termos de estado de espírito. Como já foi mostrado, o inverso é verdadeiro: estudos mostram que aplicar pensamento flexível com sucesso para solucionar um problema estimula o circuito de recompensa e melhora o humor. O resultado é um círculo virtuoso em que disposição positiva e solução criativa de problemas reforçam uma à outra.

É bom conhecer o efeito de uma disposição positiva no nosso cérebro. Contudo, mais importante ainda é o fato de que a psicologia positiva provê meios de se conseguir isso. Suas lições são claramente úteis na vida, independentemente de nosso desejo de fomentar o pensamento flexível.

Algumas das diretivas são autoevidentes, ainda que não as sigamos com a frequência que deveríamos. Por exemplo, todos nos beneficiamos com o envolvimento em atividades prazerosas, até as mais simples, como ler um romance ou tomar um banho quente. Ou tirando um tempo para curtir e comemorar uma boa notícia ou compartilhar uma boa notícia com algum amigo.

A atividade mais famosa promovida pelos psicólogos positivos é o "exercício de gratidão", em que pessoas são instruídas a anotar, regularmente, três coisas pelas quais se sentem gratas.[21] Pode ser qualquer coisa, de um dia de sol a uma boa notícia sobre sua saúde. Outra intervenção captada na pesquisa é a satisfação que sentimos ao fazer alguma coisa pelos outros. Por exemplo, na média, ficamos mais alegres gastando dinheiro com alguém do que conosco. Essa intervenção, chamada "exercício de generosidade", é idêntica ao exercício de gratidão, exceto que você anota as coisas legais que fez para os outros. Há pesquisas sobre outros exercícios "de listas" também. Em cada caso, a chave para sua eficácia parece ser torná-lo consciente de informações positivas sobre si mesmo.

E há ainda a abordagem defensiva – conselhos sobre como eliminar ciclos de pensamentos negativos que podem invadir a mente.[22] O primeiro passo é reconhecer um mau pensamento e aceitá-lo sem tentar suprimi-lo de imediato – a aceitação tende a diminuir o impacto. A seguir, imagine que não é você, mas um amigo quem está tendo o pensamento. Que conselho você daria a essa pessoa? Se a pessoa cometeu um erro no trabalho, por exemplo, você pode ressaltar o registro do caminho positivo dessa pessoa como um todo, e que não é razoável esperar que ela nunca cometa um erro. Depois, concentre-se em como esse conselho poderia se aplicar a você. Essa abordagem defensiva é forte – descobriu-se que funciona até em sintomas de depressão.

De todos os princípios referentes a como abrir a mente para insights e descobertas, para mim a melhor realização é a felicidade, não só como um fim em si, mas no sentido de ser uma estratégia para a produtividade mental. Para os que vivem concentrados no que precisam fazer, e não no que precisamos para nos sentir bem, é bom ter uma razão para fomentar uma disposição positiva na nossa ocupada agenda.

Quando existe vontade

Alguns anos atrás, minha mãe, que morava numa casinha ao lado da minha, precisou de um liquidificador novo. Na época ela estava perto dos noventa anos. Falei que compraria um para ela ou a levaria à Best Buy para escolher o modelo. "Não, é muito trabalho", ela respondeu. "Eu não quero incomodar você." Essa era a resposta dela para qualquer coisa. Se eu dissesse que estava indo ao mercado, onde iria gastar US$300 num carrinho lotado de comida, minha mãe recusaria minha proposta de trazer um litro de leite desnatado para ela. Diria que era muito peso, como se eu não tivesse problema para carregar as outras catorze sacolas de compras; mas o litro de leite me provocaria uma hérnia.

A verdade é que ela se orgulhava de ser independente. Andava mais de um quilômetro até o mercado quase todos os dias e via qualquer proposta de ajuda como uma acusação de falta de autossuficiência. Mas a Best Buy não era o mercado. Exigia uma viagem de ônibus, e suas pernas artríticas dificultavam o embarque no veículo. Pensei a respeito daquilo por um momento e logo tive uma ideia. "Você pode comprar pela internet", falei. "Venha comigo, eu mostro como se faz. Você mesma faz o pedido."

Minha mãe era uma mulher que nunca usara um computador e lia livros de letras grandes com uma lente de aumento. Mas ela concordou. Depois de muito esforço para encontrar a oferta absolutamente mais barata, a compra foi realizada sem problema. Não contei a ela que haveria um acréscimo de preço pelo frete.

Alguns dias depois, apareci na casa dela e vi o liquidificador na bancada da cozinha. Sorri e falei: "Viu como foi fácil? O mundo de hoje é diferente." Mas ela não estava contente. "Foi muito bom um liquidificador aparecer na minha porta", falou. "O que não foi bom é que o liquidificador não funciona. E agora, como consigo meu dinheiro de volta? Esse novo mundo me dá azia."

Era verdade. O liquidificador estava com defeito. Fomos até minha casa e acessamos o site, mas era difícil encontrar uma clara política de reembolso. Não somente a devolução envolvia uma ida ao correio, como também ela teria de pagar a postagem. Depois de perdermos muito tempo, pedi desculpas pelo mau conselho e recomendei que ela desistisse. É o que dá comprar barato pela internet. Mas ela não concordou. "Quando existe vontade sempre se dá um jeito", falou.

Quando eu era garoto, essa era a expressão preferida da minha mãe. "Como eu posso fazer a lição de casa das aulas de judaísmo *e* estudar para a prova de matemática amanhã?!" *Quando existe vontade sempre se dá um jeito.* "Como é possível ganhar dinheiro para ir ao cinema limpando neve durante *duas* horas?" *Quando existe vontade sempre se dá um jeito.*

Para minha mãe, se eu dissesse que queria abrir uma lavanderia a seco em Marte, o fato de estar a 386 milhões de quilômetros do meu cliente mais próximo não seria problema – bastaria eu estar determinado a fazer aquilo. Só quando fiquei mais velho entendi de onde vinha aquela atitude – o fato de *Quando existe vontade sempre se dá um jeito* a ajudou a sobreviver num campo de trabalhos forçados nazista e a criar uma vida decente nos Estados Unidos, apesar de ter perdido todos aqueles a quem amava e chegado à Ellis Island sem um tostão e sem amigos.

Na noite seguinte, imaginei que ela ainda estivesse ruminando sobre o eletrodoméstico defeituoso, por isso parei para falar um pouco mais sobre o assunto. Mas, quando entrei pela porta dos fundos, fiquei surpreso ao ver não um, mas *dois* liquidificadores idênticos na bancada.

"Eu fui até a Best Buy e tentei trocar o aparelho, mas eles não trocavam sem a nota de compra", ela me explicou. "Então eu comprei outro. Levou o dia inteiro. Ainda bem que eu não trabalho mais." Disse aquilo como se tivesse se aposentado naquela semana, mas já não trabalhava fazia 27 anos.

Minha mãe parecia satisfeita com o resultado. Fiquei surpreso como ela aceitou tão rapidamente a perda do dinheiro com o aparelho quebrado. Não era o perfil dela. Quando eu era garoto, se jogasse fora uma laranja meio comida, ela me olhava como se eu estivesse despejando notas de US$100 na lareira. Conversamos um pouco e então, quando eu já estava de saída, peguei o liquidificador quebrado para jogar no lixo. Mas ela disse para deixar ali mesmo. "Por que você acha que eu comprei o outro?", perguntou. "Eu não estou colecionando liquidificadores." Eu fiquei confuso.

"Eu disse que ia resolver a situação", continuou. "Vou devolver esse que está quebrado amanhã com a nota do que comprei hoje. Então agora eles vão oferecer uma troca, mas eu vou pedir reembolso. E como o primeiro foi tão barato, vou ganhar mais do que paguei por ele." Abriu um sorriso como se tivesse ganhado a acumulada numa corrida de cavalos, apesar de ter calculado que o "ganho" dela seria de US$3,17, menos as passagens de ônibus.

Falei muito sobre as aplicações e os triunfos do pensamento flexível nos negócios, na ciência e nas artes, mas as pequenas ideias como a da minha mãe, que nos vêm à cabeça no dia a dia, são igualmente importantes. Espero que o mantra *Quando existe vontade sempre se dá um jeito* seja uma das boas dicas deste livro.

Nós enfrentamos muitos desafios, e às vezes eles parecem insuperáveis. Mas o cérebro humano, com o tempo e a nutrição, resolveu incontáveis problemas do mesmo tipo. No dia em que minha mãe recebeu o liquidificador quebrado, certo grau de neofilia em seu cérebro a levou a explorar as opções. Um sistema de recompensa motivou-a a pensar, a continuar tentando até imaginar um jeito de conseguir seu dinheiro de volta. Uma rede default de neurônios criou as associações que acabaram gerando seu esquema inteligente, enquanto as estruturas executivas mantiveram sua atenção focada, e os filtros cognitivos evitaram que ela se afogasse numa miríade de ideias malucas.

Minha mãe está agora com 95 anos. Alguns anos atrás, começou a ser envolvida por uma névoa que vem se adensando com o tempo. Agora é difícil para ela gerar novas ideias ou abordagens imaginativas. Os cientistas nos dizem que isso acontece porque as conexões entre neurônios vão se exaurindo, enfraquecendo a comunicação entre estruturas que devem trabalhar juntas.[23] À medida que envelhecemos e nossas conexões neurais vão minguando, muda o equilíbrio de poder e a harmonia é rompida. Ao escrever este livro, tentei fornecer algum insight sobre esses processos. Não para servir de consolo quando nós ou as pessoas que amamos começam a decair, mas para usarmos ao máximo nossas capacidades enquanto ainda as temos.

Nas páginas anteriores descrevi como surge o pensamento flexível. Apresentei questionários para avaliar suas tendências. E esbocei maneiras de fomentar o pensamento flexível e superar as barreiras que o inibam. Algumas das sugestões que apresentei provavelmente funcionam para você, enquanto outras talvez não. Não existe um *modelo padrão* quando se trata da mente humana. Já vi Deepak Chopra trabalhar num livro em meio à agitação de uma estação ferroviária e a bordo de um avião. O físico Richard Feynman gostava de ter ideias e rabiscar equações tomando um refrigerante num bar de topless em Pasadena (numa época em que os bares de topless não tinham cedido seu lugar a restaurantes de sushi). Por sua vez, Jim Davis, criador da tirinha *Garfield*, me disse que teve de se isolar num quarto de hotel durante quatro dias para não interromper o ritmo mental necessário para criar aquele conceito. Jonathan Franzen trabalha sozinho num escritório na Universidade da Califórnia, em Santa Cruz, numa atmosfera tão frágil que pode ser rompida pela fragrância do molho de curry aquecido no micro-ondas de um professor indiano no fim do corredor. Pessoalmente, eu não consigo fazer um trabalho imaginativo quando há um prazo fixo para interromper a atividade. Assim, se começo a trabalhar às dez da manhã sabendo que vou ter de pôr um bolo de carne no forno às quatro da tarde, isso arruína todo meu dia de trabalho. As diferenças que existem entre nós são as razões pelas quais enfatizei o autoconhecimento: só nós mesmos, tendo consciência de como funcionamos, podemos escolher as melhores práticas para seguir.

Sobrevivência do pensamento flexível

Meu pai me contou sobre um incidente que aconteceu quando ele trabalhou durante um tempo como supervisor de crianças escravas numa fábrica de munição alemã durante a Segunda Guerra Mundial. Nesse papel, ele era também um escravo, trabalhando numa pequena engrenagem da máquina de guerra da Alemanha. O que os nazistas não sabiam era que meu pai também era um dos líderes da resistência antinazista clandestina.

As crianças que meu pai supervisionava cuidavam das galinhas e de outros animais na fábrica – bichos cuja presença eu agora lamento não ter pedido que ele explicasse. Os trabalhadores eram organizados em grupos de trinta, e todos os dias, exatamente às cinco da manhã, meu pai tinha de reunir seus petizes no frio para uma chamada. Um dia, porém, teve uma surpresa ao olhar para suas crianças. Havia 31 crianças.

Os olhos do meu pai pousaram num rosto novo, porém conhecido, um garoto de uns nove anos cujos pais haviam sido levados e mortos semanas antes. Meu pai achou que o garoto também tinha morrido, mas parece que conseguira escapar. Até aquele momento.

O garoto parecia confuso. Claramente não entendia por que eles precisavam ficar em fila. Não sabia que estavam prestes a serem contados. Nem sabia que a pessoa encarregada não iria aceitar uma conta de 31 quando a resposta correta era trinta.

Antes de meu pai falar com o garoto, apareceu a Gestapo. O oficial que comandava o grupo fez suas contas e virou-se para meu pai. "Você está com uma a mais", falou.

O garoto olhou para meu pai, confuso. A cabeça do meu pai fervilhava a fim de encontrar uma explicação para aquela anomalia, mas sua paisagem mental se mostrou estéril. Aquela criança a mais poderia ser fuzilada na hora. Assim como ele. O oficial olhou para meu pai. Os segundos escoavam, mas a cabeça do meu pai continuava vazia. A vida daquelas crianças dependia de sua imaginação, mas ele não conseguia fazer nada.

Então o garoto fugitivo deu um passo adiante e disse: "Eu estive doente no mês passado. Na enfermaria." Continuou falando por mais algum tempo, contando uma longa história, até o comandante perder a paciência e o interromper. O oficial anotou alguma coisa na sua prancheta, disse ao meu pai "Agora você tem 31" e se afastou.

Meu pai me contou essa história três décadas depois de ocorrida. Mesmo assim os olhos dele marejaram enquanto falava. "Aquele garoto, um garotinho, era como um adulto. Pensou tão depressa. Inventou uma história, como Isaac Bashevis Singer ou Malamud", explicou meu pai, situando aquele ato de imaginação no mesmo nível que as criações desses dois grandes escritores judeus. Algum tempo depois, todos na fábrica, inclusive meu pai, foram mandados a um campo de concentração. Meu pai não sabia se o garoto tinha sobrevivido no campo, mas graças aos poderes de seu pensamento flexível ele tinha ao menos sobrevivido àquele dia.

As pessoas costumam falar sobre as várias características que diferenciam os humanos de outras espécies. Matar membros da nossa espécie não é uma delas. Muitas espécies agressivas, como lobos ou chimpanzés, também fazem isso.[24] Mas o assassinato humano é *diferente* do praticado por outros animais. Nós somos a única espécie em que a vítima em potencial pode inventar uma história para se salvar. Essa diferença funciona em duas direções, ambas possíveis por conta da nossa capacidade de viver na imaginação. Primeiro, nós temos a capacidade de criar histórias, e segundo, somos suscetíveis a ser convencidos por elas.

A guerra é um tempo de rupturas. Por acionar mudanças rápidas, exige flexibilidade e capacidade de adaptação. Nesse retrospecto, é uma época muito parecida com a nossa, mesmo em regiões do mundo que estão em paz. Isso porque, nos anos recentes, estamos vivendo uma revolução tecnológica, uma revolução da informação plena de rebeliões econômicas, políticas e sociais. Presenciamos novas e incríveis aplicações dos computadores, descobertas científicas sensacionais e um vasto enriquecimento de nosso capital intelectual e cultural graças à globalização. Mas também nos encontramos diante de dilemas sem precedentes.

À medida que foi sendo imersa no novo e na mudança, nossa vida foi se tornando mais agitada que nunca, tanto em casa quanto no trabalho. Somos bombardeados por um fluxo constante de informações, e graças a todas as nossas telas e aos dispositivos estamos sempre em contato com dezenas, centenas e até milhares de outras pessoas, e raramente (se é que) desfrutamos um tempo ocioso.

Para ter sucesso hoje precisamos não só lidar com o fluxo de conhecimento e dados sobre o presente, mas também ser capazes de antecipar o futuro, pois as mudanças acontecem tão depressa que o que funciona bem agora será ultrapassado e irrelevante amanhã. O mundo hoje é um alvo em movimento.

Nosso cérebro é um processador de informações e uma máquina de resolver problemas, e com certeza nossa capacidade analítica é crucial para lidar com os desafios que enfrentamos. Mas ainda mais importante hoje é a magia do pensamento flexível, que pode gerar ideias novas e às vezes malucas. Algumas se mostrarão inúteis, enquanto outras podem culminar em soluções inovadoras exigidas pelos problemas da vida moderna. Nos dias atuais, para termos sucesso na vida, precisamos afiar nossa capacidade de adaptação.

Temos a sorte de viver numa época em que começamos a entender muito sobre como a mente humana funciona. Ao descrever cada um desses sistemas e processos envolvidos na geração do pensamento flexível, espero ter mudado a maneira como você pensa sobre o pensamento. E ao descrever as formas de alterar e afinar esse funcionamento, espero ter fornecido algumas ferramentas para tomar as rédeas do processo, pois há muito que você pode fazer para se tornar um pensador mais elástico.

Notas

Introdução (p.9-21)

1. A história foi colhida de Randy Nelson, "Mobile users are spending more time in Pokémon GO than Facebook", 12 jul 2016; disponível em: sensortower.com/blog/pokemon-go-usage-data; Randy Nelson, "Sensor Tower's Mobile gaming leaders for April 2016", 9 mai 2016; disponível em: sensortower.com/blog/top-mobile-games-april-2016; Andrew Griffin, "Pokémon Go beats Porn on Google as game becomes easily one of the most popular ever", 13 jul 2016; disponível em: independent.co.uk/life-style/gadgets-and-tech/news/pokemon-go-porn-pornography-google-netherlands-uk-canada-a7134136.html; Marcella Machado, "Pokémon Go: Top 10 records", 21 jul 2016; disponível em: chupamobile.com/blog/2016/07/21/pokemon-go-top-10-records; Brian Barrett, "Pokemon Go is doing just fine", *Wired*, 18 set 2016; Sarah Needleman, "'Pokémon Go' adds Starbucks Stores as gyms and PokéStops", *Wall Street Journal*, 8 dez 2016; disponível em: wsj.com/articles/pokemon-go-adds-starbucks-stores-as-gyms-and-pokestops-1481224993; e Erik Cain, "'Pokemon Sun' and 'Pokemon Moon' just broke a major sales record", *Forbes*, 30 nov 2016.
2. Andrew McMillen, "Ingress: the friendliest turf war on Earth", 17 fev 2015; disponível em: cnet.com/news/ingres-the-friendliest-turf-war-on-earth/.
3. Geoff Colvin, "Why every aspect of your business is about to change", *Fortune*, 22 out 2015.
4. John Tierney, "What's new? Exuberance for novelty has benefits", *New York Times*, 13 fev 2012.
5. J.G. White et al., "The structure of the nervous system of the nematode *Caenorhabditis elegans*: the mind of a worm". *Philosophical Transactions of the Royal Society B*, n.314, 1986, p.1-340.
6. Carola Petersen et al., "Travelling at a slug's pace: possible invertebrate vectors of *Caenorhabditis* nematodes", *BMC Ecology*, vol.15, n.19, 2015.

7. Temple Grandin e Mark J. Deesing, *Behavioral Genetics and Animal Science*, San Diego, Academic Press, 1998, capítulo 1.

1. A alegria da mudança (p.25-41)

1. "To serve man (*The Twilight Zone*)"; disponível em: en.wikipedia.org/wiki/To_Serve_Man_(The_Twilight_Zone).
2. Claudia Mettke-Hofmann et al., "The significance of ecological factors for exploration and neophobia in parrots", *Ethology*, n.108, 2002, p.249-72; Patricia Kaulfuss e Daniel S. Mills, "Neophilia in domestic dogs (*Canis familiaris*) and its implication for studies of dog cognition", *Animal Cognition*, n.11, 2008, p.553-6; Steven R. Lindsay, *Handbook of Applied Dog Behavior and Training*, vol.1: *Adaptation and Learning*, Ames, Iowa State University Press, 2000. Para saber mais sobre a evolução do cão doméstico, ver J. Clutton-Brock, "Origins of the dog: domestication and early History", in J. Serpell (org.), *The Domestic Dog: Its Evolution, Behaviour, and Interactions with People*, Cambridge, Cambridge University Press, 1995; Carles Vilà, Peter Savolainen et al., "Multiple and ancient origins of the domestic dog", *Science*, vol.276, n.5319, 13 jun 1997, p.1687-9.
3. Mark Ware e Michael Mabe, *The STM Report: An Overview of Scientific and Scholarly Journal Publishing*, The Hague, Netherlands, International Association of Scientific, Technical and Medical Publishers, 2015; Bo-Christer Björk et al., "Scientific Journal Publishing: yearly volume and open access availability", *Information Research: An International Electronic Journal*, vol.14, n.1, 2009; e Richard van Noorden, "Global scientific output doubles every nine years", *Nature Newsblog*, 7 mai 2014.
4. "The evolution of touchscreen technology", 31 jul 2014; disponível em: makeuseof.com/tag/evolution-touchscreen-technology.
5. As citações a seguir são de Julie Battilana e Tiziana Casciaro, "The network secrets of change agents", *Harvard Business Review*, jul-ago 2013, p.1; e David A. Garvin e Michael A. Roberto, "Change through persuasion", *Harvard Business Review*, 26 fev 2005.
6. Patricia Meyer Spacks, *Boredom: The Literary History of a State of Mind*, Chicago, University of Chicago Press, 1995, p.13.

7. David Dobbs, "Restless genes", *National Geographic*, jan 2013.
8. Donald C. Johanson, *Lucy's Legacy*, Nova York, Three Rivers Press, 2009, p.267; Winifred Gallagher, *New: Understanding Our Need for Novelty and Change*, Nova York, Penguin Press, 2012, p.18-25.
9. Ver, por exemplo, Luca Pagani et al., "Tracing the route of modern humans out of Africa by using 225 human genome sequences from Ethiopians and Egyptians", *American Journal of Human Genetics*, n.96, 2015, p.986-91; Huw S. Groucutt et al., "Rethinking the dispersal of *Homo sapiens* out of Africa", *Evolutionary Anthropology: Issues, News, and Reviews*, n.24, 2015, p.149-64; Hugo Reyes-Centeno et al., "Genomic and cranial phenotype data support multiple modern human dispersals from Africa and a Southern route into Asia", *Proceedings of the National Academy of Sciences*, n.111, 2014, p.7248-53.
10. Richard P. Ebstein et al., "Dopamine D4 Receptor (D4DR) Exon III Polymorphism associated with the human personality trait of novelty seeking", *Nature Genetics*, n.12, 1996, p.78-80.
11. L.J. Matthews e P.M. Butler, "Novelty-seeking DRD4 polymorphisms are associated with human migration distance Out-of-Africa after controlling for neutral population gene structure", *American Journal of Physical Anthropology*, n.145, 2011, p.382-9; e Chuansheng Chen et al., "Population migration and the variation of Dopamine D4 Receptor (DRD4) allele frequencies around the globe", *Evolution and Human Behavior*, n.20, 1999, p.309-24.
12. Matthews e Butler, "Novelty-seeking DRD4 polymorphisms".
13. Ned Zeman, "The man who loved Grizzlies", *Vanity Fair*, 2 out 2009.
14. De Rick H. Hoyle et al., "Reliability and validity of a brief measure of sensation seeking", *Personality and Individual Differences*, n.32, 2002, p.401-14. A pontuação foi mesmo elaborada para medir a busca de sensações, definida como a "tendência a procurar sensações novas, complexas, intensas e variadas, e correr os riscos implícitos nessas experiências", mas isso está altamente correlacionado com a busca de novidades. Ver W.F. McCourt et al., "Sensation seeking and novelty seeking: are they the same?", *Journal of Nervous Mental Disorders*, n.181, mai 1993, p.309-12.
15. Para idades entre 17 e 75, ver Peter Eachus, "Using the brief sensation seeking scale (BSSS) to predict Holiday preferences", *Personality*

and Individual Differences, n.36, 2004, p.141-53. Para idades entre 18 e 26, ver Richard Charnigo et al., "Sensation seeking and impulsivity: combined associations with risky sexual behavior in a large sample of young adults", *Journal of Sex Research*, n.50, 2013, p.480-8. Para idades entre 13 e 17, ver Rick H. Hoyle et al., "Reliability and validity of a brief measure of sensation seeking", *Personality and Individual Differences*, n.32, 2002, p.401-14.

2. O que é o pensamento? (p.45-66)

1. Carl Zimmer, *Soul Made Flesh*, Nova York, Atria, 2005, p.108-10.
2. Karl Popper, *All Life Is Problem Solving*, Abingdon, Routledge, 2001, p.100.
3. Toshiyuki Nakagaki et al., "Intelligence: maze-solving by an amoeboid organism", *Nature*, n.407, 28 set 2000, p.470.
4. "Thinking", Dictionary.com; disponível em: dictionary.com/browse/thinking.
5. Bryan Kolb e Ian Whishaw, *Introduction to Brains and Behavior*, Nova York, Worth, 2006, p.527.
6. Ellen J. Langer et al., "The mindlessness of ostensibly thoughtful action: the role of 'placebic' information in interpersonal interaction", *Journal of Personality and Social Psychology*, n.36, 1978, p.635-42.
7. Andrew Christensen e Christopher L. Heavey, "Gender and social structure in the demand/withdraw pattern of marital conflict", *Journal of Personality and Social Psychology*, n.59, 1990, p.73.
8. William James, *Memories and Studies*, Nova York, Longmans, Green, 1924 [1911], p.237.
9. Ver, por exemplo, Amishi P. Jha et al., "Mindfulness training modifies subsystems of attention", *Cognitive, Affective, & Behavioral Neuroscience*, n.7, 2007, p.109-19; James Carmody e Ruth A. Baer, "Relationships between mindfulness practice and levels of mindfulness, medical and psychological symptoms and well-being in a mindfulness-based stress reduction program", *Journal of Behavioral Medicine*, n.31, 2008, p.23-33.
10. George Boole, *The Claims of Science*, vol.15, Oxford, Oxford University Press, 1851, p.15-6.

11. Stephen Hawking, *God Created the Integers*, Filadélfia, Running Press, 2005, p.669-75.
12. Douglas Hofstadter, *Gödel, Escher, Bach*, Nova York, Vintage, 1979, p.25.
13. Margaret A. Boden, *The Creative Mind: Myths and Mechanisms*, Londres, Routledge, 2004, p.16.
14. "Artificial intelligence", *60 Minutes*, 9 out 2016; disponível em: cbsnews.com/news/60-minutes-artificial-intelligence-charlie-rose-robot-sophia.
15. M.A. Boden, "Creativity and artificial intelligence", *Artificial Intelligence*, n.103, 1998, p.347-56. O aplicativo de Brian Eno chama-se Bloom.
16. Randy Kennedy, "A new year's gift from Brian Eno: a growing musical garden", *New York Times*, 2 jan 2017.
17. Michael Gazzaniga et al., *Cognitive Neuroscience: The Biology of the Mind*, 4ª ed., Nova York, W.W. Norton, 2014, p.74.
18. David Autor, "Polanyi's paradox and the shape of employment growth", National Bureau of Economic Research Working Paper, n.20485, 2014.
19. Quoc Le et al., "Building high-level features using large scale unsupervised learning", in John Langford e Joelle Pineau (orgs.), *Proceedings of the International Conference on Machine Learning*, Madison, Omnipress, 2012, p.81-8.
20. Contado por Sanford Perliss em palestra temática no Perliss Law Symposium on Criminal Trial Practice, 1º abr 2017.

3. Por que pensamos (p.67-96)

1. Eugénie Lhommée et al., "Dopamine and the biology of creativity: lessons from Parkinson's disease", *Frontiers in Neurology*, n.5, 2014, p.1-11.
2. Kurt Vonnegut, *If This Isn't Nice, What Is?*, Nova York, Rosetta, 2013, p.111.
3. Nancy Andreasen, "Secrets of the creative brain", *The Atlantic*, jul-ago 2014.
4. O material sobre EVR é de Paul J. Eslinger e Antonio R. Damasio, "Severe disturbance of higher cognition after bilateral frontal lobe ablation: patient EVR", *Neurology*, n.35, 1985, p.1731-7; Antonio Damasio, *Descartes' Error: Emotion, Reason, and the Human Brain*, Nova York, Avon, 1994, p.34-51; e Ralph Adolphs em entrevista ao autor, 10 nov 2015. Adolphs é um dos cientistas que estudaram EVR.

5. Wilhelm Hofmann e Loran F. Nordgren (orgs.), *The Psychology of Desire*, Nova York, Guilford, 2015, p.140.
6. Kimberly D. Elsbach e Andrew Hargadon, "Enhancing creativity through 'mindless' work: a framework of workday design", *Organization Science*, n.17, 2006, p.470-83.
7. William James, *The Principles of Psychology*, vol.1, Nova York, Henry Holt, 1890, p.122.
8. Barry Schwartz, *The Paradox of Choice: Why More Is Less*, Nova York, Ecco, 2004; Barry Schwartz et al., "Maximizing versus satisficing: happiness is a matter of choice", *Journal of Personality and Social Psychology*, n.83, 2002, p.1178.
9. Peter Milner, "Peter M. Milner", Society for Neuroscience; disponível em: sfn.org/~/media/SfN/Documents/TheHistoryofNeuroscience/Volume%208/PeterMilner.ashx.
10. R.C. Malenka et al. (orgs.), *Molecular Neuropharmacology: A Foundation for Clinical Neuroscience*, 2ª ed., Nova York, McGraw-Hill Medical, 2009, p.147-8, 367, 376. Para ser tecnicamente correto, a principal hipótese corrente é que a resposta da dopamina é na verdade causada pela "previsão de erro", a diferença entre a recompensa obtida e a recompensa esperada. Ver Michael Gazzaniga et al., *Cognitive Neuroscience: The Biology of the Mind*, Nova York, W.W. Norton, 2014, p.526-7.
11. S. Mithen, *The Prehistory of the Mind: The Cognitive Origins of Art and Science*, Londres, Thames and Hudson, 1996; Marek Kohn e Steven Mithen, "Handaxes: products of sexual selection", *Antiquity*, n.73, 1999, p.518-26.
12. Teresa M. Amabile, Beth A. Hennessey e Barbara S. Grossman, "Social influences on creativity: the effects of contracted-for reward", *Journal of Personality and Social Psychology*, n.50, 1986, p.14-23.
13. Indre V. Viskontas e Bruce L. Miller, "Art and dementia: how degeneration of some brain regions can lead to new creative impulses", in Oshin Vartanian et al., *The Neuroscience of Creativity*, Cambridge, MIT Press, 2013, p.126.
14. Amabile, "Social influences on creativity", p.14-23.
15. Kendra S. Knudsen et al., "Animal creativity: cross-species studies of cognition", in Alison B. Kaufman e James C. Kaufman (orgs.), *Animal Creativity and Innovation*, Nova York, Academic Press, 2015, p.213-40.

16. Geoffrey Miller, "Mental traits as fitness indicators: expanding evolutionary psychology's adaptationism", *Annals of the New York Academy of Sciences*, n.907, 2000, p.62-74.
17. Martie G. Haselton e Geoffrey F. Miller, "Women's fertility across the cycle increases the short-term attractiveness of creative intelligence", *Human Nature*, n.17, 2006, p.50-73.
18. Bonnie Cramond, "The relationship between attention-deficit hyperactivity disorder and creativity", American Educational Research Association, Nova Orleans, abr 1994; disponível em: files.eric.ed.gov/fulltext/ED371495.pdf.
19. George Bush, "Attention-deficit/hyperactivity disorder and attention networks", *Neuropsychopharmacology*, n.35, 2010, p.278-300.
20. N.D. Volkow et al., "Motivation deficit in ADHD is associated with dysfunction of the dopamine reward pathway", *Molecular Psychiatry*, n.16, 2011, p.1147-54.
21. Dan T.A. Eisenberg et al., "Dopamine receptor genetic polymorphisms and body composition in undernourished pastoralists: an exploration of nutrition indices among nomadic and recently settled Ariaal men of Northern Kenya", *BMC Evolutionary Biology*, n.8, 2008, p.173-84.
22. Michael Kirton, "Adaptors and innovators: a description and measure", *Journal of Applied Psychology*, n.61, 1976, p.622-45; Michael Kirton, "Adaptors and innovators: problem-solvers in organizations", in David A. Hills e Stanley S. Gryskiewicz (orgs.), *Readings in Innovation*, Greensboro, Center for Creative Leadership, 1992, p.45-66.
23. Dorothy Leonard e Jeffrey Rayport, "Spark innovation through empathetic design", *Harvard Business Review on Breakthrough Thinking*, 1999, p.40.

4. O mundo dentro do seu cérebro (p.97-116)

1. Rodrigo Quian Quiroga, "Concept cells: the building blocks of declarative memory functions", *Nature Reviews: Neuroscience*, n.12, ago 2012, p.587-94.
2. Shay Bushinsky, "Deus ex machina – a higher creative species in the game of chess", *AI Magazine*, vol.30, n.3, out 2009, p.63-70.

3. Robert Weisberg, *Creativity*, Nova York, John Wiley and Sons, 2006, p.38.
4. Bushinsky, "Deus ex machina", p.63-70.
5. Cade Metz, "In a huge breakthrough, Google's AI beats a top player at the game of Go", *Wired*, 27 jan 2016.
6. Derek C. Penn et al., "Darwin's mistake: explaining the discontinuity between human and nonhuman minds", *Behavioral and Brain Sciences*, n.31, 2008, p.109-20.
7. Charles E. Connor, "Neuroscience: friends and grandmothers", *Nature*, n.435, 2005, p.1036-7.
8. Quiroga, "Concept cells", p.587-94.
9. L. Gabora e A. Ranjan, "How insight emerges", in Oshin Vartanian et al. (orgs.), *The Neuroscience of Creativity*, Cambridge, MIT Press, 2013, p.19-43.
10. Bryan Kolb e Ian Whishaw, *Introduction to Brains and Behavior*, Nova York, Worth, 2006, p.45, 76-81, 157.
11. Hasan Guclu, "Collective intelligence in ant colonies", *The Fountain*, n.48, out-dez 2004.
12. Deborah Gordon, "The Emergent Genius of Ant Colonies", TED Talks, fev 2003; disponível em: ted.com/talks/deborah_gordon_digs_ants.
13. Nathan Myhrvold, entrevista ao autor, 15 jan 2016.

5. O poder do seu ponto de vista (p.119-39)

1. Greg Critser, *Fat Land: How Americans Became the Fattest People in the World*, Nova York, Houghton Mifflin, 2004, p.20-9.
2. Geoff Colvin, "Why every aspect of your business is about to change", *Fortune*, 22 out 2015.
3. Michal Addady, "Nike exec says we'll be 3D printing sneakers at home soon", *Fortune*, 7 out 2015.
4. Vinod Goel et al., "Differential modulation of performance in insight and divergent thinking tasks with tDCS", *Journal of Problem Solving*, n.8, 2015, p.2.
5. Douglas Hofstadter, *Gödel, Escher, Bach*, Nova York, Vintage, 1979, p.611-3.

6. Robert Weisberg, *Creativity*, Nova York, John Wiley and Sons, 2006, p.306-7.
7. Edna Kramer, *The Nature and Growth of Modern Mathematics*, Princeton, Princeton University Press, 1983, p.70.
8. Shinobu Kitayama e Ayse K. Uskul, "Culture, mind, and the brain: current evidence and future directions", *Annual Review of Psychology*, n.62, 2011, p.419-49; Shinobu Kitayama et al., "Perceiving an object and its context in different cultures: a cultural look at new look", *Psychological Science*, n.14, mai 2003, p.201-6.
9. Scott Shane, "Why do some societies invent more than others?", Working Paper Series 8/90, Wharton School, set 1990. Alguns países foram excluídos por falta de dados disponíveis para alguns anos.
10. "A new ranking of the world's most innovative countries", Economist Intelligence Unit report, abr 2009; disponível em: graphics.eiu.com/PDF/Cisco_Innovation_Complete.pdf.
11. Karen Leggett Dugosh e Paul B. Paulus, "Cognitive and social comparison in brainstorming", *Journal of Experimental Social Psychology*, n.41, 2005, p.313-20; e Karen Leggett Dugosh et al., "Cognitive stimulation in brainstorming", *Journal of Personality and Social Psychology*, n.79, 2005, p.722-35.

6. Pensar quando você não está pensando (p.140-63)

1. A história da criação de Frankenstein é de Frank Barron et al. (orgs.), *Creators on Creating: Awakening and Cultivating the Imaginative Mind*, Nova York, Tarcher/Penguin, 1997, p.91-5.
2. Marcus Raichle et al., "Rat brains also have a default network", *Proceedings of the National Academy of Sciences*, n.109, 6 mar 2012, p.3979-84.
3. Sobre o trabalho seminal de Raichle, ver Marcus E. Raichle et al., "A default mode of brain function", *Proceedings of the National Academy of Sciences*, n.98, 2001, p.676-82. A história da pesquisa é debatida in Randy L. Buckner et al., "The brain's default network", *Annals of the New York Academy of Sciences*, n.1124, 2008, p.1-38.
4. Para a história de Berger, ver David Millett, "Hans Berger: from psychic energy to the EEG", *Perspectives in Biology and Medicine*, n.44, outono

2001, p.522-42; T.J. La Vaque, "The History of EEG: Hans Berger, psychophysiologist; a historical vignette", *Journal of Neurotherapy*, n.3, primavera 1999, p.1-9; e P. Gloor, "Hans Berger on the electroencephalogram of man", *EEG Clinical Neurophysiology*, n.28, supl. 1969, p.1-36.
5. La Vaque, "The History of EEG", p.1-2.
6. Millett, "Hans Berger", p.524.
7. La Vaque, "The History of EEG", p.1-2.
8. Ver o relato in Marcus Raichle, "The brain's dark energy", *Scientific American*, mar 2010, p.46; e Millett, "Hans Berger", p.542. Mas havia algumas exceções, principalmente na Grã-Bretanha, por exemplo; E.D. Adrian e B.H.C. Matthews, "Berger rhythm: potential changes from the occipital lobes in man", *Brain*, n.57, 1934, p.355-85.
9. La Vaque, "The History of EEG", p.8.
10. H. Berger, "Über das Elektrenkephalogramm des Menschen", *Archiv für Psychiatrie und Nervenkrankheiten*, n.108, 1938, p.407.
11. La Vaque, "The History of EEG", p.8.
12. Nancy Andreasen, entrevista ao autor, 10 abr 2015.
13. Nancy Andreasen, "Secrets of the creative brain", *The Atlantic*, jul-ago 2014.
14. Randy L. Buckner, "The serendipitous discovery of the brain's default network", *Neuroimage*, n.62, 2012, p.1137-45.
15. M.D. Hauser, S. Carey e L.B. Hauser, "Spontaneous number representation in semi-free-ranging Rhesus monkeys", *Proceedings of the Royal Society of London B*, n.267, 2000, p.829-33.
16. Antonio R. Damasio e G.W. van Hoesen, "Emotional disturbances associated with focal lesions of the limbic frontal lobe", in Kenneth Heilman e Paul Satz (orgs.), *Neuropsychology of Human Emotion*, Nova York, Guilford, 1983, p.85-110.
17. Larry D. Rosen et al., "The media and technology usage and attitudes scale: an empirical investigation", *Computers in Human Behavior*, n.29, 2013, p.2501-11; e Nancy A. Cheever et al., "Out of sight is not out of mind: the impact of restricting wireless mobile device use on anxiety levels among low, moderate and high users", *Computers in Human Behavior*, n.37, 2014, p.290-7.
18. Russell B. Clayton et al., "The extended iSelf: the impact of iPhone separation on cognition, emotion, and physiology", *Journal of Computer-Mediated Communication*, vol.20, n.2, 2015, p.119-35.

19. Emily Sohn, "I'm a smartphone addict, but I decided to detox", *Washington Post*, 8 fev 2016.
20. C. Shawn Green e Daphne Bavelier, "The cognitive neuroscience of video games", in Paul Messaris e Lee Humphreys (orgs.), *Digital Media: Transformations in Human Communication*, Nova York, Peter Lang, 2006, p.211-23. Ver também Shaowen Bao et al., "Cortical remodelling induced by activity of ventral tegmental dopamine neurons", *Nature*, n.412, 2001, p.79-83.
21. Marc G. Berman et al., "The cognitive benefits of interacting with nature", *Psychological Science*, n.19, 2008, p.1207-12.
22. Joseph R. Cohen e Joseph R. Ferrari, "Take some time to think this over: the relation between rumination, indecision, and creativity", *Creativity Research Journal*, n.22, 2010, p.68-73.
23. Giorgio Vasari, *The Lives of the Artists*, Oxford, Oxford University Press, 1991, p.290.

7. A origem do insight (p.164-91)

1. Para a história de Low, ver Craig Nelson, *The First Heroes: The Extraordinary Story of the Doolittle Raid: America's First World War II Victory*, Nova York, Penguin, 2003; Carroll V. Glines, *The Doolittle Raid*, Atglen, Schiffer Military/Aviation History, 1991, p.13; Don M. Tow, "The Doolittle Raid: mission impossible and its impact on the U.S. and China", disponível em: dontow.com/2012/03/the-doolittle-raid-mission-impossible-and-its-impact-on-the-u-s-and-china; e Kirk Johnson, "Raiding Japan on fumes in 1942, and surviving to tell how fliers did it", *New York Times*, 1º fev 2014.
2. John Keegan, *The Second World War*, Nova York, Penguin, 2005, p.275.
3. Glines, *Doolittle Raid*, p.15.
4. Para a história de Sperry, ver R.W. Sperry, "Roger W. Sperry Nobel Lecture, December 8, 1981", *Nobel Lectures, Physiology or Medicine*, 1990 (1981); Norman Horowitz et al., "Roger Sperry, 1914-1994", *Engineering & Science*, verão 1994, p.31-8; Robert Doty, "Physiological psychologist Roger Wolcott Sperry 1913-1994", *APS Observer*, jul-ago 1994, p.34-5; e Nicholas Wade, "Roger Sperry, a Nobel winner for brain studies, dies at 80", *New York Times*, 20 abr 1994.

5. Roger Sperry, "Nobel Lecture"; disponível em: Nobelprize.org, 8 dez 1981.
6. R.W. Sperry, "Cerebral organization and behavior", *Science*, n.133, 2 jun 1961, p.1749-57.
7. Idem.
8. Idem.
9. Ivan Oransky, "Joseph Bogen", *The Lancet*, n.365, 2005, p.1922.
10. Deepak Chopra e Leonard Mlodinow, *War of the Worldviews*, Nova York, Harmony, 2011 (ed. bras.: *Ciência × espiritualidade*, Rio de Janeiro, Zahar/Sextante, 2012).
11. John Kounios, entrevista ao autor, 23 fev 2015.
12. Mark Beeman, entrevista ao autor, 23 fev 2015.
13. *Conan*, TBS, 16 mar 2015.
14. E.M. Bowden e M.J. Beeman, "Getting the idea right: semantic activation in the right hemisphere may help solve insight problems", *Psychological Science*, n.9, 1998, p.435-40.
15. Mark Jung-Beeman et al., "Neural activity when people solve verbal problems with insight", *PLOS Biology*, n.2, abr 2004, p.500-7.
16. Simon Moss, "Anterior cingulate cortex", Sicotests; disponível em: psych-it.com.au/Psychlopedia/article.asp?id=263; Carola Salvi et al., "Sudden insight is associated with shutting out visual inputs", *Psychonomic Bulletin and Review*, vol.22, n.6, dez 2015, p.1814-9; e John Kounios e Mark Beeman, "The cognitive neuroscience of insight", *Annual Review of Psychology*, n.65, 2014, p.1-23.
17. John Kounios e Mark Beeman, *The Eureka Factor: Aha Moments, Creative Insight, and the Brain*, Nova York, Random House, 2015, p.195-6.
18. Lorenza S. Colzato et al., "Meditate to create: the impact of focused-attention and open-monitoring training on convergent and divergent thinking", *Frontiers in Psychology*, n.3, 2012, p.116.
19. Richard Chambers et al., "The impact of intensive mindfulness training on attentional control, cognitive style, and affect", *Cognitive Therapy and Research*, n.32, 2008, p.303-22.
20. J. Meyers-Levy e R. Zhou, "The influence of ceiling height: the effect of priming on the type of processing that people use", *Journal of Consumer Research*, n.34, 2007, p.1741-86.

8. Como o pensamento se cristaliza (p.195-218)

1. R.L. Dominowski e P. Dollob, "Insight and problem solving", in R.J. Sternberg e J.E. Davidson (orgs.), *The Nature of Insight*, Cambridge, MIT Press, 1995, p.33-62.
2. Tim P. German e Margaret Anne Defeyter, "Immunity to functional fixedness in children", *Psychonomic Bulletin and Review*, n.7, 2000, p.707-12.
3. Tim P. German e H. Clark Barrett, "Functional fixedness in a technologically sparse culture", *Psychological Science*, n.16b, 2005, p.1-5.
4. John Maynard Keynes, *General Theory of Employment, Interest and Money*, Nova York, Harvest/Harcourt, 1936, p.vii.
5. James Jeans, "A comparison between two theories of radiation", *Nature*, n.72, 27 jul 1905, p.293-4.
6. Hannah Arendt, "Thinking and moral considerations", *Social Research*, n.38, outono 1971, p.423.
7. Milton Meltzer, *Dorothea Lange: A Photographer's Life*, Syracuse, Syracuse University Press, 2000, p.140.
8. B. Jena Anapam et al., "Mortality and treatment patterns among patients hospitalized with acute cardiovascular conditions during dates of National Cardiology Meetings", *Jama Internal Medicine*, n.10, 2014, p.E1-E8.
9. Merim Bilalić e Peter McLeod, "Why good thoughts block better ones", *Scientific American*, n.310, 3 jan 2014, p.74-9.
10. Doron Garfinkel, Sarah Zur-Gil e H. Ben-Israel, "The war against polypharmacy: a new cost-effective geriatric-palliative approach for improving drug therapy in disabled elderly people", *Israeli Medical Association Journal*, n.9, 2007, p.430.
11. Erica M.S. Sibinga e Albert W. Wu, "Clinician mindfulness and patient safety", *Journal of the American Medical Association*, n.304, 2010, p.2532-3.
12. As citações de McChrystal são de Stanley McChrystal, entrevista ao autor, 13 jan 2016.
13. David Petraeus, entrevista ao autor, 16 fev 2016.
14. Ver, por exemplo, Abraham Rabinovich, *The Yom Kippur War: The Epic Encounter That Transformed the Middle East*, Nova York, Scho-

cken Books, 2004; David T. Buckwalter, "The 1973 Arab-Israeli War", in Shawn W. Burns (org.), *Case Studies in Policy Making & Process*, Newport, Naval War College, 2005, p.17; e Uri Bar-Joseph e Arie W. Kruglanki, "Intelligence failure and the need for cognitive closure", *Political Psychology*, n.24, 2003, p.75-99.

15. James Warner, entrevista ao autor, 14 dez 2015.

16. Dan Schwabel, "Stanley McChrystal: what the Army can teach you about leadership", *Forbes*, 13 jul 2015.

17. Bilalić e McLeod, "Why good thoughts block better ones", p.74-9; Merim Bilalić et al., "The mechanism of the Einstellung (set) effect: a pervasive source of cognitive bias", *Current Directions in Psychological Science*, n.19, 2010, p.111-5.

18. Na posição do tabuleiro da esquerda, a conhecida solução "xeque-mate sufocante" é possível: (1) De6+ Rh8 (2) Cf7+ Rg8 (3) Ch6++ Rh8 (4) Dg8+ Txg8 (5) Cf7#. A solução mais curta e otimizada é: (1) De6+ Rh8 (2) Dh6 RTd7 (3) Dxh7#, ou (2) … Rg8 (3) Dxg7#. Na posição do tabuleiro da direita, o xeque-mate sufocante não é mais possível, pois o bispo preto agora cobre f7. A solução otimizada ainda é possível: (1) De6+ Rh8 (If [1] … Rf8, 2 Cxh7#) (2) Dh6 Rd7 (3) Dxh7#, ou (2) … Rg8 (3) Dxg7#, ou (2). … Bg6 (3) Dxg7#. Os quadrados cruciais para a solução conhecida estão marcados por retângulos (f7, g8 e g5) e a solução otimizada por círculos (b2, h6, h7 e g7) em (a). De Bilalić et al., "Why good thoughts block better ones: the mechanism of the pernicious Einstellung effect", *Cognition*, n.108, 2008, p.652-61.

19. Victor Ottati et al., "When self-perceptions increase closed-minded cognition: the earned dogmatism effect", *Journal of Experimental Social Psychology*, n.61, 2015, p.131-8.

20. Idem.

21. Serge Moscovici, Elisabeth Lage e Martine Naffrechoux, "Influence of a consistent minority on the responses of a majority in a color perception task", *Sociometry*, vol.32, n.4, 1969, p.365-80.

22. C.J. Nemeth, "Minority influence theory", in P. van Lange, A. Kruglanski e T. Higgins (orgs.), *Handbook of Theories of Social Psychology*, Nova York, Sage, 2009.

23. Uri Bar-Joseph e Arie W. Kruglanki, "Intelligence failure and the need for cognitive closure", *Political Psychology*, n.24, 2003, p.75-99.

9. Bloqueios mentais e filtros de ideias (p.219-38)

1. Ap Dijksterhuis, "Think different: the merits of unconscious thought in preference development and decision making", *Journal of Personality and Social Psychology*, n.87, 2004, p.586-98.
2. T.C. Kershaw e S. Ohlsson, "Multiple causes of difficulty in insight: the case of the nine-dot problem", *Journal of Experimental Psychology: Learning, Memory, and Cognition*, n.30, 2004, p.3-13; e R.W. Weisberg e J.W. Alba, "An examination of the alleged role of fixation in the solution of several insight problems", *Journal of Experimental Psychology: General*, n.110, 1981, p.169-92.
3. James N. MacGregor, Thomas C. Ormerod e Edward P. Chronicle, "Information processing and insight: a process model of performance on the nine-dot and related problems", *Journal of Experimental Psychology: Learning, Memory, and Cognition*, n.27, 2001, p.176.
4. Ching-tung Lung e Roger L. Dominowski, "Effects of strategy instructions and practice on nine-dot problem solving", *Journal of Experimental Psychology: Learning, Memory, and Cognition*, vol.11, n.4, jan 1985, p.804-11.
5. Richard P. Chi e Allan W. Snyder, "Brain stimulation enables the solution of an inherently difficult problem", *Neuroscience Letters*, n.515, 2012, p.121-4.
6. Idem.
7. Ver, por exemplo, Carlo Cerruti e Gottfried Schlaug, "Anodal transcranial stimulation of the prefrontal cortex enhances complex verbal associative thought", *Journal of Cognitive Neuroscience*, n.21, out 2009; M.B. Iyer et al., "Safety and cognitive effect of frontal DC brain polarization in healthy individuals", *Neurology*, n.64, mar 2005, p.872-5; Carlo Reverbi et al., "Better without (lateral) frontal cortex? Insight problems solved by frontal patients", *Brain*, n.128, 2005, p.2882-90; e Arthur P. Shimamura, "The role of the prefrontal cortex in dynamic filtering", *Psychobiology*, n.28, 2000, p.207-18.
8. Michael Gazzinga, *Human: The Science Behind What Makes Us Unique*, Nova York, HarperCollins, 2008, p.17-22. O córtex pré-frontal lateral é uma região cuja estrutura microscópica parece diferenciada, na qual certas funções distintas estão centradas, mas não se destaca visual-

mente, como o coração ou rim. Se você olhar o cérebro, não verá um contorno físico reconhecível e marcante.

9. Joaquin M. Fuster, "The prefrontal cortex – an update: time is of the essence", *Neuron*, n.30, mai 2001, p.319-33.
10. John Kounios e Mark Beeman, "The cognitive neuroscience of insight", *Annual Reviews in Psychology*, n.65, 2014, p.71-93; E.G. Chrysikou et al., "Noninvasive transcranial direct current stimulation over the left prefrontal cortex facilitates cognitive flexibility in tool use", *Cognitive Neuroscience*, n.4, 2013, p.81-9.
11. Mihaly Csikszentmihalyi, *Creativity: The Psychology of Discovery and Invention*, Nova York, Harper Perennial, 2013, p.116.
12. Nathan Myhrvold, entrevista ao autor, 15 jan 2016.
13. George Lucas et al., "Raiders of the lost ark", transcrição da criação da história, jan 1978; disponível em: maddogmovies.com/almost/scripts/raidersstoryconference1978.pdf.
14. O rótulo de "Transgressor Nº 1" consta in Claire Hoffman, "Nº 1 Offender in Hollywood", *New Yorker*, 18 jun 2012.
15. Seth MacFarlane, entrevista ao autor, 29 jan 2016.
16. Ken Tucker, resenha de *Family Guy*, *Entertainment Weekly*, 19 abr 1999; disponível em: ew.com/article/1999/04/09/family-guy.
17. Nitin Gogtay et al., "Dynamic mapping of human cortical development during childhood through early adulthood", *Proceedings of the National Academy of Sciences of the United States of America*, n.101, 2004, p.8174-9.
18. Le Guin nega ser a fonte da citação, que não se encontra em nenhum de seus textos. Ver seu comentário a respeito in Ursula K. Le Guin, "A child who survived", blog Book View Café, 28 dez 2015; disponível em: bookviewcafe.com/blog/2015/12/28/a-child-who-survived/.

10. O bom, o louco e o esquisito (p.239-52)

1. Ver Matan Shelomi, "Mad scientist: the unique case of a published delusion", *Science and Engineering Ethics*, n.9, 2013, p.381-8.

2. Shelley Carson, "Creativity and psychopathology", in Oshin Vartanian et al. (orgs.), *The Neuroscience of Creativity*, Cambridge, MIT Press, 2013, p.175-203.
3. Para a história de Tesla, ver Margaret Cheney, *Tesla: Man Out of Time*, Nova York, Simon & Schuster, 2011.
4. A. Laguerre, M. Leboyer e F. Schürhoff, "The schizotypal personality disorder: historical origins and current status", *L'Encéphale*, n.34, 2008, p.17-22; e Shelley Carson, "The unleashed mind", *Scientific American*, mai 2011, p.22-9.
5. Leonard L. Heston, "Psychiatric disorders in foster home reared children of schizophrenic mothers", *British Journal of Psychiatry*, n.112, 1966, p.819-25.
6. Eduardo Fonseca-Pedrero et al., "Validation of the schizotypal personality questionnaire: brief form in adolescents", *Schizophrenia Research*, n.111, 2009, p.53-60.
7. Ver, por exemplo, Bradley S. Folley e Sohee Park, "Verbal creativity and schizotypal personality in relation to prefrontal hemispheric laterality: a behavioral and near-infrared optical imaging study", *Schizophrenia Research*, n.80, 2005, p.271-82.
8. Carson, "Unleashed mind", p.22; Rémi Radel et al., "The role of (dis)inhibition in creativity: decreased inhibition improves idea generation", *Cognition*, n.134, 2015, p.110-20; e Marjaana Lindeman et al., "Is it just a brick wall or a sign from the Universe? An fMRI study of supernatural believers and skeptics", *Social Cognitive and Affective Neuroscience*, n.8, 2012, p.943-9, e os estudos citados no trabalho. Deve-se notar que este artigo se refere ao giro frontal inferior (IFG, na sigla em inglês) e não ao córtex pré-frontal lateral – o aspecto ventral do córtex pré-frontal lateral está situado no IFG.
9. Carson, "Creativity and psychopathology", p.180-1.
10. Lindeman, "Is it just a brick wall" e os estudos citados no trabalho. Ver também Deborah Kelemen e Evelyn Rosset, "The human function compunction: teleological explanation in adults", *Cognition*, n.111, 2009, p.138-43.
11. Cliff Eisen e Simon P. Keefe (orgs.), *The Cambridge Mozart Encyclopedia*, Cambridge, Cambridge University Press, 2006, p.102.
12. Geoffrey I. Wills, "Forty lives in the bebop business: mental health in a group of eminent jazz musicians", *British Journal of Psychiatry*, n.183, 2003, p.255-9.

13. Para Einstein, ver Graham Farmelo, *The Strangest Man: The Hidden Life of Paul Dirac, Mystic of the Atom*, Nova York, Basic Books, 2009, p.344; para Newton, ver Leonard Mlodinow, *The Upright Thinkers*, Nova York, Pantheon, 2015 (ed. bras.: *De primatas a astronautas*, Rio de Janeiro, Zahar, 2015).
14. Shelley H. Carson, Jordan B. Peterson e Daniel M. Higgins, "Decreased latent inhibition is associated with increased creative achievement in high-functioning individuals", *Journal of Personality and Social Psychology*, n.85, 2003, p.499.
15. Com exceção de bipolaridade em escritores. Ver Simon Kyaga et al., "Mental illness, suicide and creativity: 40-year prospective total population study", *Journal of Psychiatric Research*, n.47, 2013, p.83-90.
16. A história de Judy Blume foi contada por ela mesma em entrevista ao autor, 2 dez 2015.
17. Vinod Goel et al., "Dissociation of mechanisms underlying syllogistic reasoning", *Neuroimage*, n.12, 2000, p.504-14.

11. Libertação (p.253-78)

1. Esse relato foi escrito em 1969 para publicação em *Marijuana Reconsidered*, Cambridge, Harvard University Press, 1971.
2. Charles T. Tart, "Marijuana intoxication: common experiences", *Nature*, n.226, 23 mai 1970, p.701-4.
3. Gráinne Schafer et al., "Investigating the interaction between schizotypy, divergent thinking and cannabis use", *Consciousness and Cognition*, n.21, 2012, p.292-8.
4. Idem.
5. Kyle S. Minor et al., "Predicting creativity: the role of psychometric schizotypy and cannabis use in divergent thinking", *Psychiatry Research*, n.220, 2014, p.205-10.
6. Stefano Belli, "A psychobiographical analysis of Brian Douglas Wilson: creativity, drugs, and models of schizophrenic and affective disorders", *Personality and Individual Differences*, n.46, 2009, p.809-19.
7. *Beautiful Dreamer: Brian Wilson and the Story of SMiLE*; direção de David Leaf, produção de Steve Ligerman, Rhino Video, 2004; e Brian

Wilson e T. Gold, *Wouldn't It Be Nicer: My Own Story*, Nova York, Bloomsbury, 1991, p.114.

8. Alexis Petridis, "The astonishing genius of Brian Wilson", *The Guardian*, 24 jun 2011.
9. Andrew F. Jarosz, Gregory J.H. Colflesh e Jennifer Wiley, "Uncorking the muse: alcohol intoxication facilitates creative problem solving", *Consciousness and Cognition*, n.21, 2012, p.487-93.
10. Robin L. Carhart-Harris et al., "Neural correlates of the LSD experience revealed by multimodal neuroimaging", *Proceedings of the National Academy of Sciences*, n.113, 2016, p.4853-8; Robin L. Carhart-Harris et al., "The entropic brain: a theory of conscious states informed by neuroimaging research with psychedelic drugs", *Frontiers in Human Neuroscience*, n.8, 2014, p.1-22.
11. Catherine Elsworth, "Isabel Allende: Kith and Tell", *The Telegraph*, 21 mar 2008.
12. K.P.C. Kuypers et al., "Ayahuasca enhances creative divergent thinking while decreasing conventional convergent thinking", *Psychopharmacology*, n.233, 2016, p.3395-403; e Joan Francesc Alonso et al., "Serotonergic psychedelics temporarily modify information transfer in humans", *International Journal of Neuropsychopharmacology*, n.18, 2015, p.pyv039.
13. Elsworth, "Isabel Allende: Kith and Tell".
14. Rémi Radel et al., "The role of (dis)inhibition in creativity: decreased inhibition improves idea generation", *Cognition*, n.134, 2015, p.110-20
15. Charalambos P. Kyriacou e Michael H. Hastings, "Circadian clocks: genes, sleep, and cognition", *Trends in Cognitive Science*, n.14, 2010, p.259-67.
16. Mareike B. Wieth e Rose T. Zacks, "Time of day effects on problem solving: when the non-optimal is optimal", *Thinking & Reasoning*, n.17, 2011, p.387-401.
17. Deborah D. Danner, David A. Snowdon e Wallace V. Friesen, "Positive emotions in early life and longevity: findings from the nun study", *Journal of Personality and Social Psychology*, n.80, 2001, p.804.
18. Barbara L. Fredrickson, "The value of positive emotions", *American Scientist*, n.91, 2003, p.330-5.
19. Barbara L. Fredrickson e Christine Branigan, "Positive emotions broaden the scope of attention and thought-action repertoires", *Cognitive Emotions*, n.19, 2005, p.313-32.

20. Ver estudos de Fredrickson e Branigan, "Positive emotions broaden the scope"; e Soghra Akbari Chermahini e Bernhard Hommel, "Creative mood swings: divergent and convergent thinking affect mood in opposite ways", *Psychological Research*, n.76, 2012, p.634-40.
21. Joshua Rash et al., "Gratitude and well-being: who benefits the most from a gratitude intervention?", *Applied Psychology: Health and Well-Being*, n.3, 2011, p.350-69.
22. Justin D. Braun et al., "Therapist use of socratic questioning predicts session-to-session symptom change in cognitive therapy for depression", *Behaviour Research and Therapy*, n.70, 2015, p.32-7.
23. Cheryl L. Grady et al., "A multivariate analysis of age-related differences in default mode and task-positive networks across multiple cognitive domains", *Cerebral Cortex*, n.20, 2009, p.1432-47.
24. Ver, por exemplo, Michael L. Wilson et al., "Lethal aggression in *Pan* is better explained by adaptive strategies than human impacts", *Nature*, n.513, 2014, p.414-7; e Richard W. Wrangham, "Evolution of coalitionary killing", *American Journal of Physical Anthropology*, n.110, 1999, p.1-30.

Agradecimentos

Diferentemente de um filme, que pode ter dez minutos de rolagem de créditos de produção, do bufê aos diretores de elenco, um livro só tem o nome do(s) autor(es) na capa. Escrever é mesmo uma profissão basicamente autônoma e às vezes solitária. Mas é também, em momentos cruciais, ainda que esporádicos, um esforço de grupo. Ao escrever este livro, me beneficiei de centenas de cientistas brilhantes e dedicados cujas pesquisas mencionei. Mas também recebi muitas informações preciosas de amigos e colegas, tanto sobre as ideias expressas neste livro quanto na forma como as expressei. Torturei algumas dessas pessoas com inúmeros esboços, alvejei-as de perguntas, mas nunca as vi reagindo ou se esgueirando dos meus textos, e-mails ou ligações telefônicas. Ou elas são masoquistas ou são leais e generosas. Seja o que for, gostaria de agradecer aqui a essas pessoas. Minha mulher, Donna Scott, uma preparadora de texto de primeira linha, com um afiado olho crítico, contribuiu com muito amor, apoio e sabedoria. Edward Kastenmeier, meu talentoso e imaginativo editor na Penguin Random House, forneceu muitas sugestões importantes e cruciais, me ajudando a dar forma a este livro do início ao fim. Sua assistente, Stella Tan, também forneceu valiosas sugestões. Minha habilidosa agente e amiga, Susan Ginsburg, me apoiou com entusiasmo e prestou informações honestas e esclarecedoras; e, como sempre, um vinho espetacular para fomentar nosso pensamento flexível. Josephine Kals e Andrew Weber, da Penguin Random House, Stacy Testa, da Writers House, e Whitney Peeling também contribuíram com conselhos e subsídios. E Jennifer McKnew criou ilustrações maravilhosas.

Por suas informações prestativas, gostaria de agradecer ainda a Ralph Adolphs, Tom Benton, Todd Brun, Antonio Damasio, Zach Halem, Keith Holyoak, Christof Koch, John Kounios, Tom Lyon, Alexei Mlodinow, Nicolai Mlodinow, Olivia Mlodinow, Charles Nicolet, Stanley Oropesa, Sanford Perliss, Marc Raichle, Beth Rashbaum, Randy Rogel, Myron Scholes, Jonathan Schooler, Karen Waltuck e ao meu notável editor de texto, Will Palmer. Finalmente, sou grato àqueles a quem tive o prazer de entrevistar: Ralph Adolphs, Nancy Andreasen, Mark Beeman, Judy Blume, Antonio Damasio, Jim Davis, Jean Feiwel, Jonathan Franzen, Sidney Harris, Bill T. Jones, John Kounios, Nathan Myhrvold, Stanley McChrystal, Seth MacFarlane, Rachel Moore, David Petraeus e James Warner. A cooperação generosa de todos me elucidou e acrescentou um bocado à história deste livro.

Sobre o autor

Leonard Mlodinow é doutor em física pela Universidade da Califórnia, Berkeley. Foi professor no Instituto de Tecnologia da Califórnia e pesquisador no Instituto Max Planck, em Munique. Escreveu para a televisão, colaborando em séries famosas como *MacGyver* e *Jornada nas estrelas: a nova geração*, e criou games premiados, alguns deles com Steven Spielberg. Dentre seus livros anteriores estão os best-sellers *O andar do bêbado e Subliminar*, lançados pela Zahar – sucessos de público e crítica, somando mais de 290 mil exemplares vendidos no Brasil.

Índice remissivo

Os números de páginas em *itálico* indicam ilustrações.

1ª EDIÇÃO [2019] 2 reimpressões

ESTA OBRA FOI COMPOSTA POR MARI TABOADA
EM META PRO E MINION PRO E IMPRESSA EM OFSETE
PELA GEOGRÁFICA SOBRE ALTA ALVURA DA SUZANO S.A.
PARA A EDITORA SCHWARCZ EM JANEIRO DE 2022

FSC
www.fsc.org
MISTO
Papel produzido
a partir de
fontes responsáveis
FSC® C019498

A marca FSC® é a garantia de que a madeira utilizada na fabricação do papel deste livro provém de florestas que foram gerenciadas de maneira ambientalmente correta, socialmente justa e economicamente viável, além de outras fontes de origem controlada.